教育部职业教育专业教学资源库配套教材——安全技术与管理专业

事故应急救援技术
活页式任务训练教程

主　编　易　俊　黄文祥

副主编　纵　盂　刘晓帆　郭学良

参　编　李　红　喻晓峰　庞　波

　　　　李　腾

中国矿业大学出版社

·徐州·

内 容 提 要

本书为《事故应急救援技术》教材的任务训练部分,与《事故应急救援技术》教材配套使用,内容编排与教材一致,编写过程中充分凝练提取了大量事故案例和事故场景,形成了具体的训练任务,力求训练内容对接岗位、注重操作、趣味性强、可评可测,时刻体现以学生为中心的教学理念。本书采用活页式装订形式,通过任务描述、任务准备、任务实施、成果展示、任务评价等环节开展教学活动,学生以组为单位领取训练任务,按照任务准备收集相关工具,按照任务实施过程合作完成相关内容,通过评价表完成小组自评、小组互评和教师评价。整个过程充分体现互动引学、练评诊学、展示赏学、课后拓学等教学理念,同时充分检验学生主体部分的自学探究效果。

本书可供普通高等教育应用型本科及高职院校安全类专业使用,也可作为社会培训教材供相关培训使用。

图书在版编目(CIP)数据

事故应急救援技术活页式任务训练教程/易俊,黄
文祥主编.—徐州:中国矿业大学出版社,2022.10
  ISBN 978-7-5646-5388-0

  Ⅰ.①事… Ⅱ.①易… ②黄… Ⅲ.①事故—救援—
教材 Ⅳ.①X928

  中国版本图书馆 CIP 数据核字(2022)第 255704 号

书 名	事故应急救援技术活页式任务训练教程
主 编	易 俊 黄文祥
责任编辑	何晓明
出版发行	中国矿业大学出版社有限责任公司
	(江苏省徐州市解放南路 邮编221008)
营销热线	(0516)83884103 83885105
出版服务	(0516)83995789 83884920
网 址	http://www.cumtp.com E-mail:cumtpvip@cumtp.com
印 刷	苏州市古得堡数码印刷有限公司
开 本	787 mm×1092 mm 1/16 **本册印张** 10.75 **本册字数** 268 千字
版次印次	2022 年 10 月第 1 版 2022 年 10 月第 1 次印刷
总 定 价	59.00 元(共两册)

  (图书出现印装质量问题,本社负责调换)

前　言

本书为《事故应急救援技术》教材的任务训练部分，与《事故应急救援技术》教材配套使用，内容编排与教材一致，编写过程中充分凝练提取了大量事故案例和事故场景，形成了具体训练任务，力求训练内容对接岗位、注重操作、趣味性强、可评可测，时刻体现以学生为中心的教学理念。

本书采用活页式装订形式，通过任务描述、任务准备、任务实施、成果展示、任务评价等环节开展教学活动，学生以组为单位领取训练任务，按照任务描述准备相关工具，按照任务实施过程合作完成相关内容，通过评价表完成小组自评、小组互评和教师评价。整个过程充分体现互动引学、练评诊学、展示赏学、课后拓学等教学理念，同时充分检验学生主体部分的自学探究效果。

本书由易俊、黄文祥担任主编。具体分工为：重庆工程职业技术学院易俊编写项目2、项目9，重庆工程职业技术学院黄文祥编写项目1、项目3、项目4、项目5、项目6、项目8、项目11，重庆化工职业学院纵孟编写项目10、项目13，兰州资源环境职业技术大学庞波和重庆工程职业技术学院喻晓峰共同编写项目7，上海市消防救援总队特勤支队郭学良和重庆工程职业技术学院李红共同编写项目12，中国煤炭教育协会刘晓帆和中国煤炭工业协会培训中心李腾共同编写项目14。黄文祥负责整个任务训练的设计整理，易俊负责整个任务训练的审核编排。

在本书编写过程中要特别感谢上海市消防救援总队特勤支队郭学良站长提供的相关素材和宝贵的修改意见。

编　者
2022 年 6 月

目　　录

模块 1　认识事故应急救援

项目 1　事故应急救援基础知识分析 ……………………………………… 3
　　任务 1　事故应急救援相关概念分析任务训练 …………………………… 3
　　任务 2　事故应急救援法律法规应用任务训练 …………………………… 7

项目 2　事故应急救援理念和技术体系分析 …………………………… 11
　　任务 1　事故应急救援重要理念分析任务训练 ………………………… 11
　　任务 2　事故应急救援技术体系分析任务训练 ………………………… 16

模块 2　事故应急救援常见设备设施应用

项目 3　现场个体防护设备应用 ………………………………………… 23
　　任务 1　头部防护设备应用任务训练 …………………………………… 23
　　任务 2　呼吸防护设备应用任务训练 …………………………………… 27
　　任务 3　眼面部防护设备应用任务训练 ………………………………… 32
　　任务 4　防护服应用任务训练 …………………………………………… 37

项目 4　消防设施应用 …………………………………………………… 42
　　任务 1　火灾自动报警系统初探任务训练 ……………………………… 42
　　任务 2　消防给水及消火栓系统应用任务训练 ………………………… 46
　　任务 3　自动喷水灭火系统初探任务训练 ……………………………… 50
　　任务 4　灭火器应用任务训练 …………………………………………… 54

项目 5　现场搜救设备应用 ……………………………………………… 58
　　任务 1　生命探测仪应用任务训练 ……………………………………… 58
　　任务 2　救援无人机应用任务训练 ……………………………………… 62
　　任务 3　救援机器人应用任务训练 ……………………………………… 67

模块 3　事故现场急救

项目 6　心肺复苏与止血包扎技术应用 ·········· 75
　　任务 1　心肺复苏技术应用任务训练 ·········· 75
　　任务 2　止血包扎技术应用任务训练 ·········· 80

项目 7　骨折固定与伤员搬运技术应用 ·········· 85
　　任务 1　骨折固定技术应用任务训练 ·········· 85
　　任务 2　伤员搬运技术应用任务训练 ·········· 90

模块 4　事故初期处置与避险

项目 8　简单事故初期处置 ·········· 97
　　任务 1　触电事故初期处置任务训练 ·········· 97
　　任务 2　淹溺事故初期处置任务训练 ·········· 101
　　任务 3　灼烫事故初期处置任务训练 ·········· 105

项目 9　建筑火灾事故初期处置与避险 ·········· 109
　　任务 1　高层建筑火灾事故初期处置与避险任务训练 ·········· 109
　　任务 2　商场建筑火灾事故初期处置与避险任务训练 ·········· 114

项目 10　危险化学品事故初期处置与避险 ·········· 119
　　任务 1　危险化学品泄漏事故初期处置与避险任务训练 ·········· 119
　　任务 2　危险化学品火灾爆炸事故初期处置与避险任务训练 ·········· 123

项目 11　矿井事故初期处置与避险 ·········· 127
　　任务 1　矿井火灾事故初期处置与避险任务训练 ·········· 127
　　任务 2　矿井水灾事故初期处置与避险任务训练 ·········· 131

模块 5　事故抢险救援

项目 12　建筑火灾事故抢险救援 ·········· 137
　　任务 1　高层建筑火灾事故抢险救援任务训练 ·········· 137
　　任务 2　商场建筑火灾事故抢险救援任务训练 ·········· 141

项目 13 危险化学品事故抢险救援 ·· 145
　　任务 1 危险化学品泄漏事故抢险救援任务训练 ·········· 145
　　任务 2 危险化学品火灾爆炸事故抢险救援任务训练 ····· 149

项目 14 矿井事故抢险救援 ··· 153
　　任务 1 矿井火灾事故抢险救援任务训练 ······················ 153
　　任务 2 矿井水灾事故抢险救援任务训练 ······················ 158

模块1
认识事故应急救援

项目1　事故应急救援基础知识分析

任务1　事故应急救援相关概念分析任务训练

事故应急救援相关概念分析任务训练见表1-1。

表1-1　事故应急救援相关概念分析任务训练表

任务编号：		完成时间：	
训练地点：		小组成员：	

任务描述：
1. 任务名称：事故应急救援相关概念分析。
2. 任务目的：参见教材任务目标。
3. 概要描述：每组随机抽取相关概念2~3个，按照成果展示区卡片内容填写卡片，完成小组自评、小组互评和教师评价。

任务准备：
1. 提前分组。
2. 笔、卡片若干。
3. 自带手机。

任务实施：
1. 将事故应急救援相关概念以卡片的形式随机放置，每个小组派代表抽取，以抽取的内容为讨论对象。
2. 结合具体案例进行讨论、分析、填写，完成后将卡片展示在指定地点，写上小组自评分数。
3. 小组派代表进行观点陈述。
4. 小组之间交叉评阅，给出小组互评分数。
5. 教师依据讨论情况给出教师评价分数。
6. 按照评价表规则确定各小组评价总分数。如果小组对评价成绩提出异议，教师进行成绩复核。
7. 冠军小组推出优秀组员2名，其他小组推出优秀组员1名，计入个人荣誉榜，教师留档。
8. 教师综合评价。

 成果展示

概念：_____   小组名称：_____

概念阐述：

举例分析：

小组心得：

小组自评：   完成时间：
小组互评：   小组成员：
教师评价：
　　　　　　总　　评：_____

模块 1　认识事故应急救援

任务评价

任务评价标准

小组自评□　小组互评□　教师评价□

序号	要素	分数	评价依据等级	得分
1	概念阐述	15 分	1. 概念阐述正确(15 分) （优□良□中□差□）	
2	举例分析	25 分	1. 所举例子和概念相关(10 分) （优□良□中□差□） 2. 能够正确结合案例分析概念内容(15 分) （优□良□中□差□）	
3	小组心得	25 分	1. 能够发现自己小组的优缺点(15 分) （优□良□中□差□） 2. 能够发现其他小组的优缺点(10 分) （优□良□中□差□）	
4	动手能力、团队意识	20 分	1. 所写卡片干净整洁(5 分) （优□良□中□差□） 2. 按规定时间完成任务(5 分) （优□良□中□差□） 3. 密切协作、互帮互助(10 分) （优□良□中□差□）	
5	探索精神、纪律性	15 分	1. 能够超出课本,有独特见解(7 分) （优□良□中□差□） 2. 遵守规则、服从安排(8 分) （优□良□中□差□）	

备注：小组自评、小组互评、教师评价都要依据以上评价表完成后将分数写在卡片对应位置处。权重推荐比例：小组自评占 30%,小组互评占 30%,教师评价占 40%,最后以三者总分作为最终评价分数。

评价人：　　　　　　　　　　　　　　　　　　　　　　　　日期：　　年　　月　　日

巩固拓展

一、单选题

1.（　　）是在人们生产生活活动过程中突然发生的、违反人们意志的、迫使人们有目的行为活动暂时或永久停止，可能造成人身伤害、财产损失或环境污染的意外事件。
   A. 伤害　　　　　B. 事故　　　　　C. 环境污染　　　　　D. 地震

2.《企业职工伤亡事故分类》(GB 6441)将事故共分为(　　)类。
   A. 15　　　　　B. 18　　　　　C. 20　　　　　D. 23

3. 企业职工在体力搬运重物时扭伤属于第(　　)类事故。
   A. 17　　　　　B. 18　　　　　C. 19　　　　　D. 20

4. 企业发生事故，死亡10人，属于(　　)事故。
   A. 一般事故　　　B. 较大事故　　　C. 重大事故　　　D. 特大事故

二、判断题

1. 事故应急救援工作不包括事故预防。　　　　　　　　　　　　　　　(　　)
2. "一案三制"指的是事故应急预案、体制、机制和法制。　　　　　　　(　　)
3. 按照《企业职工伤亡事故分类》(GB 6441)，井下透水属于淹溺。　　(　　)

三、拓展题

1. 事故应急救援主要涉及的行业领域有哪些？
2. 你如何看待事故应急救援的重要性？

收获及反馈

总体收获及反馈

任务 2　事故应急救援法律法规应用任务训练

事故应急救援法律法规应用任务训练见表 1-2。本任务采用知识竞赛方式进行。

表 1-2　事故应急救援法律法规应用任务训练表

任务编号：		完成时间：	
训练地点：		小组成员：	

任务描述：
1. 任务名称：事故应急救援法律法规应用。
2. 任务目的：参见教材任务目标。
3. 概要描述：依据知识探索内容制作竞赛试题，学生分组后进行知识竞赛。

任务准备：
1. 提前分组。
2. 笔、草稿纸若干。
3. 自带手机。
4. 注册比赛星。
5. 完成相关内容设置。
6. 录入相关题型。

完成相关内容设置

录入相关题型

任务实施：
1. 竞赛答题时间 20 min，超出时间未完成终止竞赛。
2. 本知识竞赛以小组为单位完成，题型参考任务准备步骤 6。
3. 小组成员通过一部手机或电脑来操作，队员之间可以相互讨论。
4. 针对错题进行分析，完成成果展示，将成果展示页放在展示区。
5. 完成竞赛后可以针对本次表现进行自我评价，小组之间可以开展互评。
6. 教师依据具体情况给出教师评价分数。
7. 按照评价表规则确定各小组评价总分数。如果小组对评价成绩提出异议，教师进行成绩复核。
8. 冠军小组推出优秀组员 2 名，其他小组推出优秀组员 1 名，计入个人荣誉榜，教师留档。
9. 教师综合评价。

小组名称：_____

正确题目：_____道　　错误题目：_____道　　得分：_____

错题分析：
_____
_____
_____
_____
_____
_____
_____

小组心得：
_____
_____
_____
_____
_____

小组自评：　　　　　　　　　　　　　完成时间：
小组互评：　　　　　　　　　　　　　小组成员：
教师评价：
　　　　　　　　　　　　　　　　　　总　　评：_____

模块 1　认识事故应急救援

📊 任务评价

任务评价标准

小组自评□　小组互评□　教师评价□

序号	要素	分数	评价依据等级	得分
1	知识竞赛	70 分	1. 按照比赛星软件得分计算（60 分） 　（优□ 良□ 中□ 差□） 2. 错题分析准确、完整（10） 　（优□ 良□ 中□ 差□）	
2	小组心得	10 分	1. 能够发现自己小组的优缺点（5 分） 　（优□ 良□ 中□ 差□） 2. 能够发现其他小组的优缺点（5 分） 　（优□ 良□ 中□ 差□）	
3	团队精神	10 分	1. 密切协作、互帮互助（5 分） 　（优□ 良□ 中□ 差□） 2. 按规定时间完成任务（5 分） 　（优□ 良□ 中□ 差□）	
4	纪律观念、 探索精神	10 分	1. 遵守纪律、服从安排（5 分） 　（优□ 良□ 中□ 差□） 2. 充分利用知识探索资源，完成任务（5 分） 　（优□ 良□ 中□ 差□）	

备注：小组自评、小组互评、教师评价都要依据以上评价表完成后将分数写在卡片对应位置处。权重推荐比例：小组自评占 30%，小组互评占 30%，教师评价占 40%，最后以三者总分作为最终评价分数。

评价人：　　　　　　　　　　　　　　　　　　　　　　　　　　日期：　　年　　月　　日

巩固拓展

一、单选题

1. 最新《中华人民共和国安全生产法》实施时间是（　　）。
   A. 2014 年 12 月 1 日　　　　B. 2020 年 9 月 1 日
   C. 2021 年 6 月 10 日　　　　D. 2021 年 9 月 1 日

2. 事故发生后,事故现场有关人员应当立即向本单位负责人报告,单位负责人接到报告后,应当于（　　）h 内向事故发生地县级以上人民政府安全生产监督管理部门和负有安全生产监督管理职责的有关部门报告。
   A. 1　　　　B. 2　　　　C. 3　　　　D. 4

3. 《生产安全事故报告和调查处理条例》属于（　　）。
   A. 法律　　　B. 行政法规　　　C. 地方性法规　　　D. 部门规章

二、判断题

1. 《中华人民共和国安全生产法》规定,生产经营单位应当制定本单位生产安全事故应急救援预案,与所在地市级以上地方人民政府组织制定的生产安全事故应急救援预案相衔接,并定期组织演练。（　　）

2. 《生产安全事故报告和调查处理条例》规定,事故调查组应当自事故发生之日起 30 日内提交事故调查报告。（　　）

三、拓展题

1. 事故应急救援有哪些重要的标准规范?
2. 如何及时获取最新的事故应急救援法律法规?

收获及反馈

总体收获及反馈

模块 1　认识事故应急救援

项目 2　事故应急救援理念和技术体系分析

任务 1　事故应急救援重要理念分析任务训练

事故应急救援重要理念分析任务训练见表 2-1。

表 2-1　事故应急救援重要理念分析任务训练表

任务编号：		完成时间：	
训练地点：		小组成员：	

任务描述：
1. 任务名称：事故应急救援重要理念分析。
2. 任务目的：参见教材任务目标。
3. 概要描述：对学生进行分组，每个小组派代表抽取一个任务卡，结合抽取的任务卡中内容，凝练出其所反映的应急救援理念（不局限于知识探索中的内容），完成后将完成内容填入成果展示对应位置，然后将成果展示页放在成果展示区中，选派一名代表进行交流分享，完成小组心得，最后依据评价表完成小组自评、小组互评、教师评价等内容。

任务准备：
1. 提前分组。
2. 笔、草稿纸若干。
3. 事故情景卡片。

事故情景卡片 1

某公司发生火灾事故。事故发生后，衢州市消防、应急、公安、环保和智造新城等部门单位迅速赶往现场进行应急救援和环境监测工作。

分析：事故发生后可能参与的部门有哪些？各部门主要职责有哪些？体现了应急救援哪些重要理念？

事故情景卡片 2

山东栖霞某金矿发生爆炸事故，事故造成 22 名工人被困井下，22 人背后就是 22 个家庭，一瞬间全国各地都在关注这场矿难，现场的每时每刻无不牵动全国人民的心，而救援也在第一时间紧张有序地开展着，经全力救援，11 人获救、10 人死亡、1 人失踪，直接经济损失 6 847.33 万元。

分析：关注该起事故，分析该事故中哪些地方体现了"生命至上"的事故应急救援理念？

11

表 2-1（续）

事故情景卡片 3

某日，河北省邯郸市广平县和临漳县的蓝天救援队在漳河搜寻落水失联渔民时遭遇救生艇侧翻，致 7 人落水、2 人死亡。就在前几天，邯郸市大名县蓝天救援队在搜寻同一落水渔民时，同样发生了救生艇侧翻，致 1 人死亡。3 名救援队员因同一任务牺牲在漳河水中。

分析：蓝天救援队是什么性质的救援队？他们和消防队的关系是什么？体现了哪些事故应急救援理念？

教师自拟事故场景……

任务实施：
1. 将事故应急救援相关案例以卡片的形式随机放置，每个小组派代表抽取，以抽取的内容为分析对象。
2. 小组结合具体案例进行讨论分析，填写成果展示区对应内容，完成后将卡片贴在指定地点。
3. 小组派代表进行观点陈述交流。
4. 小组完成小组心得填写。
5. 按照任务评价表完成小组自评、小组互评和教师评价。
6. 按照评价表规则确定各小组评价总分数。如果小组对评价成绩提出异议，教师进行成绩复核。
7. 冠军小组推出优秀组员 2 名，其他小组推出优秀组员 1 名，计入个人荣誉榜，教师留档。
8. 教师综合评价。

 成果展示

事故情景卡片序号：_____　　　小组名称：_____

内容分析：
_____
_____
_____
_____
_____
_____

小组心得：
_____
_____
_____
_____
_____

小组自评：　　　　　　　　　　完成时间：
小组互评：　　　　　　　　　　小组成员：
教师评价：
　　　　　　　　　　　　　　　总　　评：_____

任务评价

任务评价标准

小组自评☐　小组互评☐　教师评价☐

序号	要素	分数	评价依据等级	得分
1	案例分析	35分	1. 内容分析依据充分（10分） 　（优☐良☐中☐差☐） 2. 内容分析条理清楚、重点突出（10分） 　（优☐良☐中☐差☐） 3. 内容分析全面正确（15分） 　（优☐良☐中☐差☐）	
2	小组分享交流	10分	1. 交流内容正确全面（5分） 　（优☐良☐中☐差☐） 2. 精神饱满、有感染力（5分） 　（优☐良☐中☐差☐）	
3	小组心得	25分	1. 能够发现自己小组的优缺点（15分） 　（优☐良☐中☐差☐） 2. 能够发现其他小组的优缺点（10分） 　（优☐良☐中☐差☐）	
4	积极探索、 团队精神	20分	1. 充分利用各种学习资源（10分） 　（优☐良☐中☐差☐） 2. 密切协作、互帮互助（10分） 　（优☐良☐中☐差☐）	
5	爱党爱国、 勇于表达	10分	1. 问题分析时体现党和国家的关爱（5分） 　（优☐良☐中☐差☐） 2. 态度积极、发言主动（5分） 　（优☐良☐中☐差☐）	

备注：小组自评、小组互评、教师评价都要依据以上评价表完成后将分数写在卡片对应位置处。权重推荐比例：小组自评占30%，小组互评占30%，教师评价占40%，最后以三者总分作为最终评价分数。

评价人：　　　　　　　　　　　　　　　　　　　　　　　　日期：　　年　　月　　日

模块 1　认识事故应急救援

巩固拓展

一、单选题

1. 习近平总书记在党的十九届四中全会上提出:"构建统一指挥、（　　）、反应灵敏、上下联动的应急管理体制,优化国家体系建设,提高防灾减灾救灾能力。"
    A. 分类管理　　　　B. 分级负责　　　　C. 专常兼备　　　　D. 属地为主
2. 习近平总书记主持中央政治局第十九次集体学习时强调:"要加强应急救援队伍建设,建设一支专常兼备、（　　）、作风过硬、本领高强的应急救援队伍。"
    A. 平战结合　　　　B. 装备优良　　　　C. 敢打敢拼　　　　D. 反应灵敏

二、判断题

1. 煤矿发生事故后,主要依托的救护力量是消防队。　　　　　　　　　　（　　）
2. 蓝天救援队属于社会救援力量。　　　　　　　　　　　　　　　　　　（　　）

三、拓展题

1. 你认为我国事故应急救援还有哪些新的理念?
2. 我国事故应急救援为什么需要社会救援力量的广泛参与?

收获及反馈

总体收获及反馈

事故应急救援技术活页式任务训练教程

任务 2 事故应急救援技术体系分析任务训练

事故应急救援技术体系分析任务训练见表 2-2。

表 2-2 事故应急救援技术体系分析任务训练表

任务编号：		完成时间：	
训练地点：		小组成员：	

任务描述：
1. 任务名称：事故应急救援技术体系分析。
2. 任务目的：参见教材任务目标。
3. 概要描述：对学生进行分组，首先各小组熟悉知识探索内容，派代表阐述事故应急救援技术逻辑框架及关系（要求脱稿讲解），结束后每个小组派代表抽取一个任务卡，分析任务卡中案例所使用到的事故应急救援技术属于技术体系中的哪个具体内容，并进行简单分析。完成后将完成内容填入成果展示对应位置，然后将成果展示页放到对应成果展示区中，完成小组心得，最后依据评价表完成小组自评、小组互评和教师评价等内容。

任务准备：
1. 提前分组。
2. 笔、草稿纸若干。
3. 事故情景卡片。

事故情景卡片 1

某建筑工程发生坍塌，造成 25 人被埋压。上海市应急管理局和消防救援总队接到报警后，立即调集 41 辆消防车、300 余名指战员、8 只搜救犬和 10 台工程机械赶赴现场救援。同时，应急管理部门启动应急联动机制，协调公安、住建、医疗救护等力量到场协同处置。伴随着坍塌建筑局部结构严重变形，随时可能发生再次坍塌的危险情况，救援人员果断采取"询情与检测同步、搜索与救助并行"的救援方案，将坍塌现场划分为 4 个作业区域，实施交叉搜救。在 14 h 内搜救出 25 名被埋压人员，其中 13 人生还。

事故情景卡片 2

广州地铁 AED 首次救人成功。

一名乘客搭乘广州地铁 6 号线时，突然倒地不省人事，心脏骤停。危急时刻，两名路过的女大学生施以援手，第一时间对其进行心肺复苏并使用 AED 进行了两次除颤，最终使该乘客心脏复跳转危为安。

模块 1　认识事故应急救援

表 2-2(续)

事故情景卡片 3

　　河南省郑州市一居民区内发生一起因电动车充电引发的火灾。因事发时浓烟已经封锁了逃生通道,26岁的租户刘某为救怀孕 3 个多月的妻子,用身边的床单捆住妻子,从窗口安全将她送到楼下。由于租住的是三楼,刘某将室内床垫等松软物品抛下,及时跳楼逃生。最终刘某受轻伤送医,而其怀孕的妻子毫发未损。

教师自拟事故场景……

任务实施:

1. 小组结合知识探索内容,进行事故应急救援体系逻辑框架分析讨论。

2. 选派代表阐述事故应急救援技术逻辑框架及关系。

3. 将事故应急救援相关案例以卡片的形式随机放置,每个小组派代表抽取,以抽取的内容为分析对象。

4. 小组结合具体案例进行讨论分析,填写成果展示页对应内容,完成后将展示页放在指定位置。

5. 小组派代表进行观点陈述交流。

6. 按照任务评价表完成小组自评、小组互评和教师评价。

7. 按照评价表规则确定各小组评价总分数。如果小组对评价成绩提出异议,教师进行成绩复核。

8. 冠军小组推出优秀组员 2 名,其他小组推出优秀组员 1 名,计入个人荣誉榜,教师留档。

9. 教师综合评价。

17

事故应急救援技术活页式任务训练教程

 成果展示

事故情景卡片序号：_____　　　　小组名称：_____

内容分析：

小组心得：

小组自评：　　　　　　　　　　　完成时间：
小组互评：　　　　　　　　　　　小组成员：
教师评价：
　　　　　　　　　　　　　　　　总　　评：_____

模块 1　认识事故应急救援

任务评价

任务评价标准

小组自评☐　小组互评☐　教师评价☐

序号	要素	分数	评价依据等级	得分
1	小组交流	10 分	1. 交流内容正确全面(5 分) 　（优☐良☐中☐差☐） 2. 精神饱满、有感染力(5 分) 　（优☐良☐中☐差☐）	
2	案例分析	30 分	1. 内容分析充分结合知识探索(10 分) 　（优☐良☐中☐差☐） 2. 内容分析条例清楚、重点突出(10 分) 　（优☐良☐中☐差☐） 3. 内容分析全面正确(10 分) 　（优☐良☐中☐差☐）	
3	小组心得	25 分	1. 能够发现自己小组的优缺点(15 分) 　（优☐良☐中☐差☐） 2. 能够发现其他小组的优缺点(10 分) 　（优☐良☐中☐差☐）	
4	探索求知、 团队精神	20 分	1. 能够充分利用各种资源独立完成(10 分) 　（优☐良☐中☐差☐） 2. 密切协作、互帮互助(10 分) 　（优☐良☐中☐差☐）	
5	纪律性、 主动性	15 分	1. 遵守纪律、服从安排(7 分) 　（优☐良☐中☐差☐） 2. 积极思考、气氛活跃(8 分) 　（优☐良☐中☐差☐）	

备注：小组自评、小组互评、教师评价都要依据以上评价表完成后将分数写在卡片对应位置处。权重推荐比例：小组自评占 30％，小组互评占 30％，教师评价占 40％，最后以三者总分作为最终评价分数。

评价人：　　　　　　　　　　　　　　　　　　　　　　　　　日期：　　年　　月　　日

19

巩固拓展

一、单选题

1. 事故现场急救中创伤急救技术不包括（　　）。
   A. 心肺复苏　　　　B. 止血包扎　　　　C. 骨折固定　　　　D. 伤员搬运
2. 下列（　　）不属于高危行业。
   A. 建筑行业　　　　B. 矿山行业　　　　C. 机械加工行业　　D. 危化品行业

二、判断题

1. 事故发生后必须赶紧避险逃生，处置工作留给专业人员。　　　　　　　　（　　）
2. 事故发生后正确的初期处置能够极大地降低事故的危害甚至将事故消灭在萌芽状态。　　　　　　　　　　　　　　　　　　　　　　　　　　　　　　　　（　　）

三、拓展题

1. 谈谈你对事故应急救援技术体系的看法。
2. 说说你对消防救援队的了解。

收获及反馈

总体收获及反馈

模块2
事故应急救援常见设备设施应用

项目3　现场个体防护设备应用

任务1　头部防护设备应用任务训练

头部防护设备应用任务训练见表3-1。

表3-1　头部防护设备应用训练表

任务编号：		完成时间：	
训练地点：		小组成员：	

任务描述：

1. 任务名称：头部防护设备应用。
2. 任务目的：参见教材任务目标。
3. 概要描述：收集一定数量的安全帽，对安全帽进行编号处理，每组学生随机抽取3~5个安全帽，按照成果展示里面的任务卡内容进行填写，最后每组选择一个同学，正确佩戴安全帽。

任务准备：

1. 提前分组。
2. 安全帽若干。
3. 任务卡若干。
4. 笔、草稿纸若干。
5. 电子秤、尺子若干。

任务实施：

1. 将安全帽放在指定位置，小组长代表小组随机抽取3~5个，抽取的安全帽作为本小组的检查佩戴对象。
2. 小组领取安全帽后，进行小组分工，首先完成成果展示中尺寸检查和外观检查内容。
3. 小组选派一名代表进行安全帽佩戴操作。
4. 填写小组自评得分，将成果展示页放到展示区，并将安全帽放在指定位置。
5. 小组之间交叉评阅，可以抽取对方安全帽进行参数核定，结合安全帽佩戴情况给出小组互评分数。
6. 教师依据卡片内容，可以抽取安全帽进行参数核定，结合安全帽佩戴情况给出教师评价分数。
7. 按照评价表规则确定各小组评价总分数。如果小组对评价成绩提出异议，教师进行成绩复核。
8. 冠军小组推出优秀组员2名，其他小组推出优秀组员1名，计入个人荣誉榜，教师留档。
9. 教师综合评价。

 成果展示

安全帽标号：_____ 小组名称：_____

尺寸检查

检查项目	结果	检查项目	结果	检查项目	结果
是否有裂纹		碰伤情况		帽衬是否完整	
是否有加装物		是否有掉漆		颜色是否均匀	
不符合标准项					

外观检查

检查项目	结果	检查项目	结果	检查项目	结果
垂直间距/mm		水平间距/mm		佩戴高度/mm	
质量/g		帽沿尺寸/mm		下颏带尺寸/mm	
不符合标准项					

安全帽佩戴

检查项目	结果	检查项目	结果	检查项目	结果
下颏带松紧度		佩戴是否端正		与头型是否适当	
不符合要求项					

小组心得：

小组自评：   小组成员：
小组互评：   完成时间：
教师评价：
　　　　　　总　评：_____

模块 2　事故应急救援常见设备设施应用

任务评价

任务评价标准

小组自评□　小组互评□　教师评价□

序号	要素	分数	评价依据等级	得分
1	安全帽佩戴	25 分	1. 下颌带松紧度（10 分） （优□ 良□ 中□ 差□） 2. 佩戴是否端正（5 分） （优□ 良□ 中□ 差□） 3. 与头型是否适当（10 分） （优□ 良□ 中□ 差□）	
2	安全帽检查	30 分	1. 外观判断准确性（10 分） （优□ 良□ 中□ 差□） 2. 尺寸测量准确性（10 分） （优□ 良□ 中□ 差□） 3. 尺寸判断准确性（10 分） （优□ 良□ 中□ 差□）	
3	小组心得	15 分	1. 能够发现自己小组的优缺点（7 分） （优□ 良□ 中□ 差□） 2. 能够发现其他小组的优缺点（8 分） （优□ 良□ 中□ 差□）	
4	规范意识、团队精神	15 分	1. 能够充分依据相关标准完成任务（8 分） （优□ 良□ 中□ 差□） 2. 密切协作、互帮互助（7 分） （优□ 良□ 中□ 差□）	
5	关注细节、精益求精、劳动精神	15 分	1. 准备工作细致充分（5 分） （优□ 良□ 中□ 差□） 2. 充分利用准备时间反复练习（5 分） （优□ 良□ 中□ 差□） 3. 能够协助老师进行设备准备和还原（5 分） （优□ 良□ 中□ 差□）	

备注：小组自评、小组互评、教师评价都要依据以上评价表完成后将分数写在卡片对应位置处。权重推荐比例：小组自评占 30%，小组互评占 30%，教师评价占 40%，最后以三者总分作为最终评价分数。

评价人：　　　　　　　　　　　　　　　　　　　　　　　　　　日期：　　年　　月　　日

巩固拓展

一、单选题

1. 下列标准属于《头部防护 安全帽》标准的是（　　）。
   A. GB 50140　　　B. GB 2811　　　C. GB/T 30041　　　D. GB/T 29639
2. 安全帽佩戴高度按规定条件测量，其值应≥（　　）mm。
   A. 50　　　　　　B. 60　　　　　　C. 70　　　　　　　D. 80
3. 下列不属于安全帽结构的是（　　）。
   A. 吸汗带　　　　B. 帽箍　　　　　C. 帽衬　　　　　　D. 鼻夹子

二、判断题

1. 根据头部防护用品的防护作用可分为三类：安全帽、防护头罩和工作帽。（　　）
2. 严禁使用只有下颏带与帽壳连接的安全帽，即帽内无缓冲层的安全帽。（　　）
3. 安全帽规范里面的垂直距离是指安全帽在佩戴时，帽箍侧面底部的最低点至头顶最高点的轴向距离。（　　）

三、拓展题

1. 假如你是一名建筑工地的管理人员，如何让工人养成正确使用安全帽的意识和习惯？
2. 如果遇到施工现场管理人员强制要求你佩戴质量有问题的安全帽，你应如何处理？

收获及反馈

总体收获及反馈

模块 2 事故应急救援常见设备设施应用

任务 2　呼吸防护设备应用任务训练

呼吸防护设备应用任务训练见表3-2。

表 3-2　呼吸防护设备应用任务训练表

任务编号：		完成时间：	
训练地点：		小组成员：	

任务描述：

1. 任务名称：呼吸防护设备应用。
2. 任务目的：参见教材任务目标。
3. 概要描述：收集一定数量的呼吸保护装置（空气呼吸器、正压氧气呼吸器、消防过滤式自救器、化学氧自救器、压缩氧自救器），每组分配一种类型，将呼吸保护装置的各个部件名称使用小图标的形式粘贴在实体呼吸保护装置对应结构上。小组成员训练呼吸保护装置的佩戴，最后抽取一名成员演示佩戴操作。

（如果没有呼吸保护装置，可以借助视频、图片等模拟完成任务）

任务准备：

1. 提前分组。
2. 呼吸保护装置若干。
3. 结构名称标签若干。
4. 笔、固体胶和草稿纸若干。
5. 提前将呼吸保护装置结构标签内容填写完成。
6. 打印机。

任务实施：

1. 将呼吸保护装置放在指定位置，将任务准备需要的材料分发给各小组，小组长代表小组领取呼吸保护装置。
2. 小组将呼吸保护装置可拆结构打开，进行分析，然后将标签内容按照对应位置进行粘贴，并拍照留存。
3. 小组训练呼吸保护装置佩戴。
4. 每小组抽取一名成员演示呼吸保护装置佩戴操作，操作过程拍照留存。
5. 将拍照内容选择性打印粘贴到成果展示对应区域。
6. 按照任务评价表完成小组自评、小组互评和教师评价。
7. 按照评价表规则确定各小组评价总分数。如果小组对评价成绩提出异议，教师进行成绩复核。
8. 冠军小组推出优秀组员2名，其他小组推出优秀组员1名，计入个人荣誉榜，教师留档。
9. 教师综合评价。

 成果展示

呼吸保护装置名称：_____　　　　　　　小组名称：_____

应该标记个数：_____　错误标记个数：_____　未标记个数：_____

　　　　_____（呼吸保护装置名称）结构名称标签形式：

　　　氧气瓶　　　安全阀　　　气瓶开关　　　排气阀　　　××××

　　　　_____（呼吸保护装置名称）结构标记图片展示区：

　　　　_____（呼吸保护装置名称）佩戴情况图片展示区：

模块 2　事故应急救援常见设备设施应用

小组心得：
_____
_____
_____
_____
_____
_____
_____
_____
_____
_____
_____
_____
_____

小组自评：　　　　　　　　　　完成时间：
小组互评：　　　　　　　　　　小组成员：
教师评价：
　　　　　　　　　　　　　　　总　　评：_____

任务评价

任务评价标准

小组自评☐　小组互评☐　教师评价☐

序号	要素	分数	评价依据等级	得分
1	空气呼吸器结构标记	25分	1. 标记部位正确性（15分） （优☐ 良☐ 中☐ 差☐） 2. 标记信息准确性（10分） （优☐ 良☐ 中☐ 差☐）	
2	空气呼吸器佩戴操作	30分	1. 佩戴流程正确性（10分） （优☐ 良☐ 中☐ 差☐） 2. 佩戴是否迅速（10分） （优☐ 良☐ 中☐ 差☐） 3. 佩戴动作准确性（10分） （优☐ 良☐ 中☐ 差☐）	
3	小组心得	15分	1. 能够发现自己小组的优缺点（7分） （优☐ 良☐ 中☐ 差☐） 2. 能够发现其他小组的优缺点（8分） （优☐ 良☐ 中☐ 差☐）	
4	动手能力、团队精神	15分	1. 所写卡片干净整洁（5分） （优☐ 良☐ 中☐ 差☐） 2. 按规定时间完成任务（5分） （优☐ 良☐ 中☐ 差☐） 3. 团队合作密切（5分） （优☐ 良☐ 中☐ 差☐）	
5	安全防护意识、精益求精、劳动精神	15分	1. 操作规范、爱护设备（5分） （优☐ 良☐ 中☐ 差☐） 2. 充分利用准备时间反复练习（5分） （优☐ 良☐ 中☐ 差☐） 3. 能够协助老师进行设备准备和还原（5分） （优☐ 良☐ 中☐ 差☐）	

备注：小组自评、小组互评、教师评价都要依据以上评价表完成后将分数写在卡片对应位置处。权重推荐比例：小组自评占30％，小组互评占30％，教师评价占40％，最后以三者总分作为最终评价分数。

评价人：　　　　　　　　　　　　　　　　　　　　日期：　年　月　日

巩固拓展

一、单选题

1. 下列不属于空气呼吸器部件的是（　　）。
   A. 氧气瓶　　　　B. 排气阀　　　　C. 加载弹簧　　　　D. 压力表
2. RHZK 型空气呼吸器，其中 H 代表的意思是（　　）。
   A. 呼气阀　　　　B. 呼吸器　　　　C. 呼气软管　　　　D. 盒装式
3. HYZ4CⅡ型隔绝式正压氧气呼吸器，其中 4 指的是（　　）。
   A. 防护时间　　　B. 最大压力　　　C. 气瓶容量　　　　D. 额定压力
4. 压缩氧自救器如何让气囊迅速鼓起，说法正确的是（　　）。
   A. 深呼两口气　　B. 按动补气压板　C. 用手拉动气囊　　D. 拉动生氧装置

二、判断题

1. 空气呼吸器在正常使用时间一般可以达到 4 h 以上。　　　　　　　　（　　）
2. 空气呼吸器依靠气囊来临时存储气体。　　　　　　　　　　　　　　（　　）
3. 空气呼吸器不能在一氧化碳浓度超过 1.5% 以上的环境下使用。　　　（　　）
4. 氧气呼吸器额定使用时间一般要比空气呼吸器长。　　　　　　　　　（　　）
5. 化学氧自救器不能用于一氧化碳浓度过低的地方。　　　　　　　　　（　　）

三、拓展题

1. 空气呼吸器在使用过程中系统内部是正压还是负压？
2. 空气呼吸器容易出现的故障有哪些？
3. 氧气呼吸器与空气呼吸器相比主要优势在哪里？

收获及反馈

总体收获及反馈

任务 3 眼面部防护设备应用任务训练

眼面部防护设备应用任务训练见表 3-3。

表 3-3 眼面部防护设备任务训练表

任务编号：		完成时间：	
训练地点：		小组成员：	

任务描述：

1. 任务名称：眼面部防护设备应用。
2. 任务目的：参见教材任务目标。
3. 概要描述：收集目前常见的眼面部防护设备图片并打印，按照小组划分数量，每小组一套，每套最少 5 张眼面部防护设备图片，要求在规定时间内完善成果展示的内容，要求每张图片对应写出使用功能和具体工作场所，一个设备最少写出 5 个适合的工作场所，可以通过手机等工具查询。

（有条件的可以使用真实眼面部防护设备进行训练）

任务准备：

1. 提前分组。
2. 制作需要材料并打印成套。
3. 笔、固体胶、剪刀和草稿纸若干。
4. 打印机。

任务实施：

1. 将任务准备需要的材料分发给各小组，小组长代表小组领取一套资料。
2. 小组依据资料将图片粘贴在展示卡上，对应完成相关内容。
3. 小组派代表讲解所完成作品。
4. 各小组结合具体情况填写小组心得。
5. 按照任务评价表完成小组自评、小组互评和教师评价。
6. 按照评价表规则确定各小组评价总分数。如果小组对评价成绩提出异议，教师进行成绩复核。
7. 冠军小组推出优秀组员 2 名，其他小组推出优秀组员 1 名，计入个人荣誉榜，教师留档。
8. 教师综合评价。

模块2　事故应急救援常见设备设施应用

 成果展示

小组名称：_____

图片粘贴	使用功能描述	具体工作场所描述

事故应急救援技术活页式任务训练教程

小组心得：

小组自评： 　　　　　　　　　　　完成时间：
小组互评： 　　　　　　　　　　　小组成员：
教师评价：

　　　　　　　　　　　　　　　　　总　　评：_____

模块 2　事故应急救援常见设备设施应用

任务评价

任务评价标准

小组自评□　小组互评□　教师评价□

序号	要素	分数	评价依据等级	得分
1	设备功能描述	25 分	1. 功能描述正确（10 分） 　（优□良□中□差□） 2. 功能描述全面（15 分） 　（优□良□中□差□）	
2	适用场所	20 分	1. 适用工作场所正确（10 分） 　（优□良□中□差□） 2. 适用工作场所全面（10 分） 　（优□良□中□差□）	
3	小组讲解	10 分	1. 交流内容正确全面（5 分） 　（优□良□中□差□） 2. 精神饱满、有感染力（5 分） 　（优□良□中□差□）	
4	小组心得	15 分	1. 能够发现自己小组的优缺点（7 分） 　（优□良□中□差□） 2. 能够发现其他小组的优缺点（8 分） 　（优□良□中□差□）	
5	动手能力、团队精神	15 分	1. 卡片干净整洁（5 分） 　（优□良□中□差□） 2. 按规定时间完成任务（5 分） 　（优□良□中□差□） 3. 团队合作密切（5 分） 　（优□良□中□差□）	
6	关注细节、探索精神、劳动精神	15 分	1. 准备工作充分（5 分） 　（优□良□中□差□） 2. 充分利用各种资源探索求知（5 分） 　（优□良□中□差□） 3. 能够协助老师准备物品和清理现场（5 分） 　（优□良□中□差□）	

备注：小组自评、小组互评、教师评价都要依据以上评价表完成后将分数写在卡片对应位置处。权重推荐比例：小组自评占 30%，小组互评占 30%，教师评价占 40%，最后以三者总分作为最终评价分数。

评价人：　　　　　　　　　　　　　　　　　　　　　　　　日期：　　年　　月　　日

巩固拓展

一、单选题

1. 下列标准属于眼面部防护标准的是（　　）。
A. GB 50140　　　　B. GB 2811　　　　C. GB 32166.1　　　　D. GB/T 29639

2. 常见的职业性眼面部伤害因素不包括（　　）。
A. 异物性伤害　　　B. 化学性伤害　　　C. 病毒性伤害　　　D. 电离辐射伤害

二、判断题

1. 多人共用或存在有眼疾传染的可能或在有传染病的工作场所等情况下使用眼面部防护设备，应根据相关的指引对防护用品进行消毒。（　　）

2. 遮光护目镜镜片颜色要依据光的强弱选择，光越强，选择的镜片颜色应越浅。（　　）

三、拓展题

1. 假如你是管理人员，如何让工人养成正确使用眼面部防护设备的意识和习惯？
2. 如果遇到现场管理人员强制要求你佩戴质量有问题的眼面部防护设备，你应如何处理？

收获及反馈

总体收获及反馈

模块 2 事故应急救援常见设备设施应用

任务 4　防护服应用任务训练

防护服应用任务训练见表 3-4。

表 3-4　防护服应用任务训练表

任务编号：		完成时间：	
训练地点：		小组成员：	

任务描述：

　　1. 任务名称：防护服应用。

　　2. 任务目的：参见教材任务目标。

　　3. 概要描述：收集各种防护服图片若干，对其主要部件进行拆解，制成独立卡片。比如化学防护服，可以将主要部件拆分成如下图所示内容，每个小组将名称归位，然后按照穿脱顺序拼接。拼接完成后，粘贴在成果展示区对应位置，对应完成相关功能、使用场所描述。

　　示例如下：

部件名称：裤腿、拉链、靴子、手套、上衣、呼吸器、帽子。

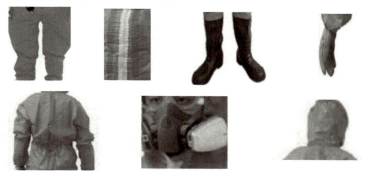

（有条件的可以使用真实防护服进行穿脱训练）

任务准备：

　　1. 提前分组。

　　2. 制作防护服各构件卡片，按照需要打印成套。

　　3. 笔、固体胶、剪刀和草稿纸若干。

　　4. 打印机。

任务实施：

　　1. 将任务准备需要的材料分发给各小组，小组长代表小组领取一套资料。

　　2. 小组依据资料将图片粘贴在展示卡上，对应完成相关内容。

　　3. 将展示卡粘贴在指定展示区。

　　4. 小组派代表讲解所完成作品。

　　5. 按照任务评价表完成小组自评、小组互评和教师评价。

　　6. 按照评价表规则确定各小组评价总分数。如果小组对评价成绩提出异议，教师进行成绩复核。

　　7. 冠军小组推出优秀组员 2 名，其他小组推出优秀组员 1 名，计入个人荣誉榜，教师留档。

　　8. 教师综合评价。

 成果展示

拼接后的防护服粘贴处	使用功能及场所描述

小组名称：_____

模块 2　事故应急救援常见设备设施应用

小组心得：

小组自评：　　　　　　　　　　　完成时间：
小组互评：　　　　　　　　　　　小组成员：
教师评价：
　　　　　　　　　　　　　　　　总　　评：_____

任务评价

任务评价标准

小组自评☐　小组互评☐　教师评价☐

序号	要素	分数	评价依据等级	得分
1	穿戴流程拼接	15分	1. 拼接顺序正确完整(10分) 　（优☐良☐中☐差☐） 2. 拼图部件完整(5分) 　（优☐良☐中☐差☐）	
2	设备功能描述	15分	1. 功能描述正确(7分) 　（优☐良☐中☐差☐） 2. 功能描述全面(8分) 　（优☐良☐中☐差☐）	
3	使用场所	15分	1. 适用工作场所正确(7分) 　（优☐良☐中☐差☐） 2. 适用工作场所全面(8分) 　（优☐良☐中☐差☐）	
4	小组讲解	10分	1. 讲解内容正确全面(5分) 　（优☐良☐中☐差☐） 2. 讲解精神饱满、有感染力(5分) 　（优☐良☐中☐差☐）	
5	小组心得	15分	1. 能够发现自己小组的优缺点(7分) 　（优☐良☐中☐差☐） 2. 能够发现其他小组的优缺点(8分) 　（优☐良☐中☐差☐）	
6	动手能力、 团队精神	15分	1. 卡片干净整洁(5分) 　（优☐良☐中☐差☐） 2. 按规定时间完成任务(5分) 　（优☐良☐中☐差☐） 3. 团队合作密切(5分) 　（优☐良☐中☐差☐）	
7	关注细节、 探索精神、 劳动精神	15分	1. 准备工作充分(5分) 　（优☐良☐中☐差☐） 2. 充分利用各种资源探索求知(5分) 　（优☐良☐中☐差☐） 3. 能够协助老师准备物品和清理现场(5分) 　（优☐良☐中☐差☐）	

备注：小组自评、小组互评、教师评价都要依据以上评价表完成后将分数写在卡片对应位置处。权重推荐比例：小组自评占30%，小组互评占30%，教师评价占40%，最后以三者总分作为最终评价分数。

评价人：　　　　　　　　　　　　　　　　　　　　　　　　日期：　　年　　月　　日

模块2　事故应急救援常见设备设施应用

巩固拓展

一、单选题

1. 操作环境中存在浓硫酸危险的情况下，应选择（　　）。
   A. 防尘防毒服　　　B. 化学防护服　　　C. 避火隔热服　　　D. 防辐射服
2. 消防灭火时常用的防护服是（　　）。
   A. 防尘防毒服　　　B. 化学防护服　　　C. 避火隔热服　　　D. 防辐射服

二、判断题

1. 各种防护服虽然原理不同，但穿脱方法都是一样的。　　　　　　　　（　　）
2. 全密封防化服不得与火焰及熔化物直接接触。　　　　　　　　　　　（　　）

三、拓展题

1. 假如你是管理人员，如何让工人养成正确使用防护服的意识和习惯？
2. 你知道有哪些具体的工作需要穿戴化学防护服？

 收获及反馈

总体收获及反馈

41

项目 4　消防设施应用

任务 1　火灾自动报警系统初探任务训练

火灾自动报警系统初探任务训练见表 4-1。

表 4-1　火灾自动报警系统初探任务训练表

任务编号：		完成时间：	
训练地点：		小组成员：	

任务描述：
1. 任务名称：火灾自动报警系统初探。
2. 任务目的：参见教材任务目标。
3. 概要描述：将火灾自动报警系统各个组件进行图片拆分，将组件图片进行打印，形成一套火灾自动报警系统拼图资料。为了增加难度，可以加入一些其他类似设施图片，各组中实物图片可以选择不同样子。小组要将抽取的相关组件进行拼接并粘贴在成果展示对应位置，然后进行系统线路和信号连接。最后将完成的成果展示页放在对应位置，派代表进行结构和工作原理讲解，口述所拼接系统的工作过程，最后依据评价表完成小组自评、小组互评和教师评价。

任务准备：
1. 提前分组。
2. 打印火灾集中报警系统各种组件。打印组件形式如下：

3. 笔、固体胶、剪刀和草稿纸若干。
4. 打印机、电脑等。

任务实施：
1. 将火灾集中报警系统相关组件拼图整体放在指定区域，小组派代表抽取。
2. 小组依据所抽取的图片，在成果展示区完成集中报警系统的粘贴和连接。
3. 在图中标出各种信号的传输过程。
4. 小组将完成后的成果展示页粘贴在指定的展示区。
5. 小组派代表讲解拼接图形的主要结构和工作原理。
6. 按照任务评价表完成小组自评、小组互评和教师评价。
7. 按照评价表规则确定各小组评价总分数。如果小组对评价成绩提出异议，教师进行成绩复核。
8. 冠军小组推出优秀组员 2 名，其他小组推出优秀组员 1 名，计入个人荣誉榜，教师留档。
9. 教师综合评价。

模块2　事故应急救援常见设备设施应用

 成果展示

小组名称：_____

集中报警系统图片拼接与绘制区：

小组心得：

小组自评：　　　　　　　　　　　完成时间：
小组互评：　　　　　　　　　　　小组成员：
教师评价：
　　　　　　　　　　　　　　　　总　　评：_____

事故应急救援技术活页式任务训练教程

任务评价

任务评价标准

小组自评□　小组互评□　教师评价□

序号	要素	分数	评价依据等级	得分
1	火灾集中报警系统拼接	50分	1. 图片拼接无遗漏或多拼(10分) （优□良□中□差□） 2. 图片拼接正确(20分) （优□良□中□差□） 3. 线路连接及信号传递标注正确(20分) （优□良□中□差□）	
2	主要结构和工作原理	15分	1. 主要构件描述正确(5分) （优□良□中□差□） 2. 精神饱满、有感染力(5分) （优□良□中□差□） 3. 工作原理分析正确(5分) （优□良□中□差□）	
3	小组心得	5分	1. 能够发现自己小组的优缺点(2分) （优□良□中□差□） 2. 能够发现其他小组的优缺点(3分) （优□良□中□差□）	
4	动手能力、团队精神、探索精神	15分	1. 卡片干净整洁(5分) （优□良□中□差□） 2. 按规定时间完成任务(2分) （优□良□中□差□） 3. 密切协作、互帮互助(3分) （优□良□中□差□） 4. 能够充分利用各种教学资源完成任务(5分) （优□良□中□差□）	
5	纪律性、创新思维、劳动精神	15分	1. 遵守纪律、服从安排(5分) （优□良□中□差□） 2. 能够提出独特的见解(5分) （优□良□中□差□） 3. 能够协助老师准备物品和清理现场(5分) （优□良□中□差□）	

备注：小组自评、小组互评、教师评价都要依据以上评价表完成后将分数写在卡片对应位置处。权重推荐比例：小组自评占30％，小组互评占30％，教师评价占40％，最后以三者总分作为最终评价分数。

评价人：　　　　　　　　　　　　　　　　　　　　　　　　日期：　　年　　月　　日

模块2　事故应急救援常见设备设施应用

巩固拓展

一、单选题

1. 区域火灾自动报警系统不具备(　　)。
A. 警报功能　　　B. 探测功能　　　C. 报警功能　　　D. 消防联动设备功能

2. 火灾自动报警系统中CRT指的是(　　)。
A. 警报器　　　B. 消防联动控制器　　C. 消防电话　　D. 消防控制室图形显示装置

二、判断题

1. 区域火灾自动报警系统没有控制功能。　　　　　　　　　　　　　　(　　)
2. 控制中心报警系统具备集中报警系统的全部功能。　　　　　　　　　(　　)

三、拓展题

1. 哪些地方不适宜装设感烟火灾探测器？
2. 火灾自动报警系统有哪些？

收获及反馈

总体收获及反馈

45

任务 2　消防给水及消火栓系统应用任务训练

消防给水及消火栓系统应用任务训练见表 4-2。

表 4-2　消防给水及消火栓系统应用任务训练表

任务编号：		完成时间：	
训练地点：		小组成员：	

任务描述：

1. 任务名称：消防给水及消火栓系统应用。
2. 任务目的：参见教材任务目标。
3. 概要描述：将消火栓系统各个组件进行图片拆分，将组件图片进行打印，形成一套消火栓系统拼图资料。为了增加难度，可以加入一些其他类似设施图片，各组的实物图片可以选择不同样子。小组要将抽取的相关组件进行拼接并粘贴在成果展示对应位置，然后对系统进行管路连接。最后将完成的成果展示页放在展示区，派代表进行结构和工作原理讲解，口述所接拼系统的工作过程，最后依据评价表完成小组自评、小组互评和教师评价。

（有条件的可以增加消火栓实际操作任务内容）

任务准备：

1. 提前分组。
2. 打印消火栓系统各种组件。打印组件形式如下：

教师自行完善相关设施……

3. 笔、固体胶、剪刀和草稿纸若干。
4. 打印机、电脑等。

任务实施：

1. 将消火栓系统相关组件拼图整理并放在指定区域，小组派代表抽取。
2. 小组依据所抽取的图片在成果展示区完成消火栓系统的粘贴和连接。
3. 小组将完成后的成果展示页放在指定的展示区。
4. 小组派代表讲解拼接图形的主要结构和工作原理。
5. 按照任务评价表完成小组自评、小组互评和教师评价。
6. 按照评价表规则确定各小组评价总分数。如果小组对评价成绩提出异议，教师进行成绩复核。
7. 冠军小组推出优秀组员 2 名，其他小组推出优秀组员 1 名，计入个人荣誉榜，教师留档。
8. 教师综合评价。

模块2　事故应急救援常见设备设施应用

 成果展示

小组名称：_____

消火栓系统图片拼接与绘制区：

小组心得：

小组自评：　　　　　　　　　　　完成时间：
小组互评：　　　　　　　　　　　小组成员：
教师评价：
　　　　　　　　　　　　　　　　总　　评：_____

47

任务评价

任务评价标准

小组自评□　小组互评□　教师评价□

序号	要素	分数	评价依据等级	得分
1	消火栓系统拼接	30分	1. 图片拼接无遗漏或多拼(15分) 　　(优□ 良□ 中□ 差□) 2. 图片拼接正确(15分) 　　(优□ 良□ 中□ 差□)	
2	主要功能和工作原理	35分	1. 主要构件描述正确(15分) 　　(优□ 良□ 中□ 差□) 2. 精神饱满、有感染力(5分) 　　(优□ 良□ 中□ 差□) 3. 工作原理分析正确(15分) 　　(优□ 良□ 中□ 差□)	
3	小组心得	5分	1. 能够发现自己小组的优缺点(2分) 　　(优□ 良□ 中□ 差□) 2. 能够发现其他小组的优缺点(3分) 　　(优□ 良□ 中□ 差□)	
4	动手能力、团队精神、探索精神	15分	1. 卡片干净整洁(5分) 　　(优□ 良□ 中□ 差□) 2. 按规定时间完成任务(2分) 　　(优□ 良□ 中□ 差□) 3. 密切协作、互帮互助(3分) 　　(优□ 良□ 中□ 差□) 4. 能够充分利用各种教学资源完成任务(5分) 　　(优□ 良□ 中□ 差□)	
5	纪律性、创新思维	15分	1. 遵守纪律、服从安排(5分) 　　(优□ 良□ 中□ 差□) 2. 能够提出独特的见解(5分) 　　(优□ 良□ 中□ 差□) 3. 能够协助老师准备物品和清理现场(5分) 　　(优□ 良□ 中□ 差□)	

备注：小组自评、小组互评、教师评价都要依据以上评价表完成后将分数写在卡片对应位置处。权重推荐比例：小组自评占30%，小组互评占30%，教师评价占40%，最后以三者总分作为最终评价分数。

评价人：　　　　　　　　　　　　　　　　　　　　　　　　日期：　　年　　月　　日

巩固拓展

一、单选题

1. 下列不属于消防给水系统分类的是（　　）。
   A. 高压消防给水系统　　　　B. 临时高压消防给水系统
   C. 低压消防给水系统　　　　D. 无压消防给水系统
2. （　　）是供消防车向消防给水管网输送消防用水的预留接口。
   A. 消防水泵接合器　　B. 消防水箱　　C. 消火栓　　D. 轻便消防水龙
3. 下列不属于消火栓箱内设施的是（　　）。
   A. 水枪　　　　B. 水带　　　　C. 轻便消防水龙　　　　D. 灭火器

二、判断题

1. 临时高压供水系统需要借助消防水池和水泵。（　　）
2. 发生火灾时，应迅速打开消火栓箱门，紧急时可将玻璃门击碎。（　　）
3. 同一建筑物内应采用统一规格的消火栓、水枪和水带，每根水带的长度不应超过 25 m。（　　）

三、拓展题

1. 哪些地方不适宜装设室内消火栓？
2. 消火栓还有哪些分类方法？

收获及反馈

总体收获及反馈

事故应急救援技术活页式任务训练教程

任务3 自动喷水灭火系统初探任务训练

自动喷水灭火系统初探任务训练见表 4-3。

表 4-3 自动喷水灭火系统初探任务训练表

任务编号：		完成时间：	
训练地点：		小组成员：	

任务描述：

1. 任务名称：自动喷水灭火系统初探。
2. 任务目的：参见教材任务目标。
3. 概要描述：将自动喷水灭火系统中的干式系统、湿式系统、雨淋系统以及预作用系统各个组件进行图片拆分，将组件图片进行打印，形成自动喷水灭火系统拼图资料。为了增加难度，可以加入一些其他类似设施图片，各组中实物图片可以选择不同样子，形成若干套资料。小组要将抽取的相关组件进行拼接并粘贴在成果展示页对应位置，然后对系统进行管路连接，进行必要的信号标注。最后将完成的成果展示页放在指定位置，派代表进行结构和工作原理讲解，口述演练系统的工作过程，最后依据评价表完成小组自评、小组互评和教师评价。

（有条件的可以增加自动喷水灭火系统的实操任务内容）

任务准备：

1. 提前分组。
2. 打印自动喷水灭火系统各种组件。打印组件形式如下：

3. 笔、固体胶、剪刀和草稿纸若干。
4. 打印机、电脑等。

任务实施：

1. 将自动喷水灭火系统相关组件图片整理成套，每套必须包含一个完整自动喷水灭火系统组件并放在指定位置，小组派代表抽取。
2. 小组依据所抽取的图片在成果展示区完成自动喷水灭火系统的粘贴和连接。
3. 在图中标出重要信号的传输过程。
4. 小组将完成后的成果展示页放在指定位置展示。
5. 小组派代表讲解拼接图形的主要结构和工作原理。
6. 按照任务评价表完成小组自评、小组互评和教师评价。
7. 按照评价表规则确定各小组评价总分数。如果小组对评价成绩提出异议，教师进行成绩复核。
8. 冠军小组推出优秀组员 2 名，其他小组推出优秀组员 1 名，计入个人荣誉榜，教师留档。
9. 教师综合评价。

50

 成果展示

小组名称：_____

自动喷水灭火系统图片拼接与绘制区：

小组心得：
_____
_____
_____
_____
_____
_____

小组自评：   完成时间：
小组互评：   小组成员：
教师评价：
                        总   评：_____

任务评价

任务评价标准

小组自评□　小组互评□　教师评价□

序号	要素	分数	评价依据等级	得分
1	自动喷水灭火系统拼接	50分	1. 图片拼接无遗漏或多拼（15分） （优□ 良□ 中□ 差□） 2. 图片拼接正确（20分） （优□ 良□ 中□ 差□） 3. 线路连接及信号传递标注正确（15分） （优□ 良□ 中□ 差□）	
2	主要结构和工作原理	15分	1. 主要构件描述正确（5分） （优□ 良□ 中□ 差□） 2. 精神饱满、有感染力（5分） （优□ 良□ 中□ 差□） 3. 工作原理分析正确（5分） （优□ 良□ 中□ 差□）	
3	小组心得	5分	1. 能够发现自己小组的优缺点（2分） （优□ 良□ 中□ 差□） 2. 能够发现其他小组的优缺点（3分） （优□ 良□ 中□ 差□）	
4	动手能力、团队精神、时间观念	15分	1. 卡片干净整洁（5分） （优□ 良□ 中□ 差□） 2. 密切协作、互帮互助（5分） （优□ 良□ 中□ 差□） 3. 能充分利用时间（5分） （优□ 良□ 中□ 差□）	
5	纪律性、探索精神、精益求精、劳动精神	15分	1. 遵守纪律、服从安排（2分） （优□ 良□ 中□ 差□） 2. 充分利用各种教学资源解决问题（3分） （优□ 良□ 中□ 差□） 3. 能深入钻研各种问题（5分） （优□ 良□ 中□ 差□） 4. 能够协助老师准备物品和清理现场（5分） （优□ 良□ 中□ 差□）	

备注：小组自评、小组互评、教师评价都要依据以上评价表完成后将分数写在卡片对应位置处。权重推荐比例：小组自评占30％，小组互评占30％，教师评价占40％，最后以三者总分作为最终评价分数。

评价人：　　　　　　　　　　　　　　　　　　　　　　　　　　日期：　　年　　月　　日

模块 2　事故应急救援常见设备设施应用

巩固拓展

一、单选题

1. 下面自动喷水灭火系统属于开式系统的是(　　)。
   A. 湿式系统　　　B. 干式系统　　　C. 雨淋系统　　　D. 预作用系统
2. 下列需要借助感温探测器实现系统功能的是(　　)。
   A. 湿式系统　　　B. 干式系统　　　C. 雨淋系统　　　D. 预作用系统

二、判断题

1. 湿式自动喷水灭火系统适用于温度较低的严寒地区。　　　　　　　　(　　)
2. 雨淋系统使用的是开式喷头,所以雨淋系统是开式系统。　　　　　　(　　)
3. 干式系统存在灭火延迟的问题,系统侧充满了有压气体。　　　　　　(　　)

三、拓展题

1. 自动喷水灭火系统不适用的场所有哪些?
2. 为什么说预作用系统单联锁可以实现和湿式系统一样快速灭火的效果?

收获及反馈

总体收获及反馈

任务 4　灭火器应用任务训练

灭火器应用任务训练见表 4-4。

表 4-4　灭火器应用任务训练表

任务编号：		完成时间：	
训练地点：		小组成员：	

任务描述：

1. 任务名称：灭火器应用。
2. 任务目的：参见教材任务目标。
3. 概要描述：学生按照分组对一定区域的灭火器进行检查，可以是一栋教学楼，也可以是图书馆。填写灭火器检查任务单相关内容。完成后组织学生到一个空旷的地方，使用干粉灭火器进行灭火器实际操作练习，有条件的可以使用油盆点火的方式进行扑灭。最后小组完成成果展示页内容，将成果展示页放在对应位置展示，最后依据评价表完成小组自评、小组互评和教师评价。

（有条件的可以使用更多种类的灭火器进行实操练习）

任务准备：

1. 提前分组。
2. 干粉灭火器若干。
3. 油盆、点火器若干。
4. 灭火器检查卡片。

任务实施：

1. 按照学生分组，将学生带到指定建筑，小组自行分工，完成对整个建筑的灭火器检查工作。
2. 将需要检查的灭火器进行编号，小组对每个编号的灭火器进行检查，将检查结果填入单体灭火器检查表。
3. 最后进行相关统计，完成灭火器检查统计表相关内容。
4. 教师同时参与检查，完成灭火器检查单填写，作为后续评判参考答案。
5. 完成后集合学生进入灭火器操作区，以小组为单位完成灭火器的操作任务。
6. 将成果展示页内容填写完善，放在指定位置展示。
7. 小组派代表进行交流分享。
8. 按照任务评价表完成小组自评、小组互评和教师评价。
9. 按照评价表规则确定各小组评价总分数。如果小组对评价成绩提出异议，教师进行成绩复核。
10. 冠军小组推出优秀组员 2 名，其他小组推出优秀组员 1 名，计入个人荣誉榜，教师留档。
11. 教师综合评价。

 成果展示

灭火器编号：_____　　　　　　　　　　小组名称：_____

单体灭火器检查表

序号	检查项目	具体要求	检查结果	具体说明	备注
1	外观	无尘污、锈蚀和损坏			
2	喷射带（管）	无老化、粘连、破损和堵塞			
3	压力表	外表面不得有变形、损伤，压力显示在绿色范围内			
4	保险销	铅封完好			
5	放置位置	避免暴晒、雨淋，放置位置要通风、干燥、取用方便			
6	灭火箱内外	无尘污、锈蚀和损坏			
7	生产厂名称和出厂日期	生产厂名称和出厂日期清晰可见，且日期在有效期内			

检查结果为符合或不符合，也可以使用"√"或"×"表示

　　　　　　　　　　　　　　　　　　　　　　　　　　　检查日期：_____

灭火器检查统计表

灭火器检查总数	问题灭火器编号	灭火器不符合项总数	问题排名前三的检查项目

小组心得：

_____

_____

_____

_____

_____

_____

_____

小组自评：　　　　　　　　　　完成时间：

小组互评：　　　　　　　　　　小组成员：

教师评价：

　　　　　　　　　　　　　　　总　　评：_____

任务评价

任务评价标准

小组自评☐　小组互评☐　教师评价☐

序号	要素	分数	评价依据等级	得分
1	灭火器检查	40分	1. 检查内容无遗漏（包括灭火器个数和检查项目）(10分) 　（优☐良☐中☐差☐） 2. 检查结果判断正确(10分) 　（优☐良☐中☐差☐） 3. 检查具体，说明清楚(10分) 　（优☐良☐中☐差☐） 4. 统计表内容与检查实际符合(10分) 　（优☐良☐中☐差☐）	
2	灭火器操作	15分	1. 操作流程正确(5分) 　（优☐良☐中☐差☐） 2. 操作动作到位(5分) 　（优☐良☐中☐差☐） 3. 操作过程流畅(5分) 　（优☐良☐中☐差☐）	
3	小组心得	5分	1. 能够发现自己小组的优缺点(2分) 　（优☐良☐中☐差☐） 2. 能够发现其他小组的优缺点(3分) 　（优☐良☐中☐差☐）	
4	小组分享交流	10分	1. 交流内容正确全面(5分) 　（优☐良☐中☐差☐） 2. 精神饱满、有感染力(5分) 　（优☐良☐中☐差☐）	
5	认真细心、团队精神、勇敢担当	15分	1. 检查内容细致(5分) 　（优☐良☐中☐差☐） 2. 密切协作、互帮互助(5分) 　（优☐良☐中☐差☐） 3. 灭火操作时镇定从容(5分)	
6	规范操作、精益求精、劳动精神	15分	1. 充分依据标准规范(5分) 　（优☐良☐中☐差☐） 2. 积极主动、反复练习(5分) 　（优☐良☐中☐差☐） 3. 能够协助老师准备物品和清理现场(5分) 　（优☐良☐中☐差☐）	

备注：小组自评、小组互评、教师评价都要依据以上评价表完成后将分数写在卡片对应位置处。权重推荐比例：小组自评占30％，小组互评占30％，教师评价占40％，最后以三者总分作为最终评价分数。

评价人：　　　　　　　　　　　　　　　　　　　　　　　日期：　　年　　月　　日

巩固拓展

一、单选题

1. 柴油火灾属于（　　）。
   A. A类火灾　　　　B. B类火灾　　　　C. C类火灾　　　　D. D类火灾
2. 下列能用于扑灭带电体火灾的灭火器是（　　）。
   A. 清水灭火器　　B. 泡沫灭火器　　C. 干粉灭火器　　D. 推车式水基型灭火器
3. 手提储压式干粉灭火器报废年限是（　　）年。
   A. 8　　　　　　　B. 9　　　　　　　C. 10　　　　　　D. 12

二、判断题

1. 磷酸铵盐灭火器不能扑灭 A 类火灾。　　　　　　　　　　　　　　　　　（　　）
2. 灭火器压力表的外表面不得有变形、损伤等缺陷，否则应更换。　　　　　（　　）
3. 灭火器压力表的指针不在黄色区域需要送专门机构检测维修。　　　　　（　　）

三、拓展题

1. 除了任务中介绍的灭火器，还有哪些新型的灭火器具？
2. 哪种灭火器的应用最广泛？

收获及反馈

总体收获及反馈

事故应急救援技术活页式任务训练教程

项目5 现场搜救设备应用

任务1 生命探测仪应用任务训练

生命探测仪应用任务训练见表5-1。

表5-1 生命探测仪应用任务训练表

任务编号：		完成时间：	
训练地点：		小组成员：	

任务描述：
1. 任务名称：生命探测仪应用。
2. 任务目的：参见教材任务目标。
3. 概要描述：布置事故坍塌现场，操作区域可以采用一定大小的长方体砖块砌筑，四周用砖块封闭，顶部使用模板封闭，在里面放置矿帽、矿靴、矿灯、毛巾、自救器、便携式瓦斯检测仪等工人随身携带物品。学生按照分组，相互配合，首先完成仪器组装，然后通过在一个端头面开设的一块砖大小的探测口，用生命探测仪进行探测，填写探测结果单。最后小组完成成果展示页内容，将成果展示页放在展示区进行展示，最后依据评价表完成小组自评、小组互评和教师评价。
（有条件的可以在模拟区域的顶部开设若干探测孔，插入管子模拟狭缝探测，要求小组使用生命探测仪探测到管子内的物品，如毛发、假牙等）

任务准备：
1. 提前分组。
2. 布置现场，可以采用2.5 m×2 m×0.5 m（长×宽×高）的一个砖砌区域。
3. 光学生命探测仪若干。
4. 笔、剪刀和草稿纸若干。
5. 打印机、电脑等。

任务实施：
1. 按照学生分组，将学生带到模拟坍塌区域。
2. 小组首先进行生命探测仪的操作练习。
3. 小组进行操作抽签，按照要求完成生命探测仪的应用。
4. 小组将探测结果填写在成果展示页对应位置。
5. 填写小组心得，完成后将成果展示页放在指定位置进行展示。
6. 小组派代表完成探测结果交流分享。
7. 按照任务评价表完成小组自评、小组互评和教师评价。
8. 按照评价表规则确定各小组评价总分数。如果小组对评价成绩提出异议，教师进行成绩复核。
9. 冠军小组推出优秀组员2名，其他小组推出优秀组员1名，计入个人荣誉榜，教师留档。
10. 教师综合评价。

模块2　事故应急救援常见设备设施应用

 成果展示

探测区域物品分布绘制区：　　　　　　　　小组名称：_____

图例

| 安全帽 |

| 矿灯 |

| 矿靴 |

| …… |

注：表格基本按照探测区域绘制，如果发现某个地方有物品，请使用□在区域对应位置标记。要求标记物品不能有遗漏或前后、左右位置错误情况出现。

小组心得：
_____
_____
_____
_____

小组自评：　　　　　　　　　　　完成时间：
小组互评：　　　　　　　　　　　小组成员：
教师评价：
　　　　　　　　　　　　　　　　总　　评：_____

59

任务评价

任务评价标准

小组自评☐　小组互评☐　教师评价☐

序号	要素	分数	评价依据等级	得分
1	仪器组装	15分	1. 按照连接手柄→连接探头→连接显示器→打开仪器的顺序进行操作(5分) （优☐良☐中☐差☐） 2. 操作时间长短(5分) （优☐良☐中☐差☐） 3. 不野蛮操作(5分) （优☐良☐中☐差☐）	
2	区域探测	40分	1. 探测物品齐全(10分) 2. 图中位置关系正确(10分) 3. 不野蛮操作设备(10分) （优☐良☐中☐差☐） 4. 操作时不能碰倒操作面砖块(10分)	
3	小组心得	5分	1. 能够发现自己小组的优缺点(2分) （优☐良☐中☐差☐） 2. 能够发现其他小组的优缺点(3分) （优☐良☐中☐差☐）	
4	小组分享交流	10分	1. 交流内容正确全面(5分) （优☐良☐中☐差☐） 2. 精神饱满、有感染力(5分) （优☐良☐中☐差☐）	
5	团队协作、关爱生命	15分	1. 密切协作、互帮互助(7分) （优☐良☐中☐差☐） 2. 反复探测，不漏死角(8分) （优☐良☐中☐差☐）	
6	精益求精、创新思维、劳动精神	15分	1. 反复训练、操作娴熟(5分) （优☐良☐中☐差☐） 2. 有独特的见解和看法(5分) （优☐良☐中☐差☐） 3. 能够协助老师准备物品和清理现场(5分) （优☐良☐中☐差☐）	

备注： 小组自评、小组互评、教师评价都要依据以上评价表完成后将分数写在卡片对应位置处。权重推荐比例：小组自评占30%，小组互评占30%，教师评价占40%，最后以三者总分作为最终评价分数。

评价人：　　　　　　　　　　　　　　　　　　　　　日期：　　年　　月　　日

模块 2　事故应急救援常见设备设施应用

二 巩固拓展

一、单选题

1. 哪种生命探测仪可以穿透障碍物？（　　）
   A. 光学生命探测仪　　　　　　B. 音频生命探测仪
   C. 雷达生命探测仪　　　　　　D. 以上都不正确
2. 下列属于人体皮肤红外辐射范围的是（　　）。
   A. 1 μm　　　　B. 5 μm　　　　C. 55 μm　　　　D. 60 μm

二、判断题

1. 音频生命探测仪可以识别人体的辐射信号，通过放大确定人体位置。　　（　　）
2. 雷达生命探测仪易受到温度、湿度、噪声、现场地形等因素的影响。　　（　　）

三、拓展题

1. 雷达生命探测仪能搜索到已经遇难的人员吗？
2. 阅读相关文献，分析各种生命探测仪的优势和不足。

三 收获及反馈

总体收获及反馈

任务 2　救援无人机应用任务训练

救援无人机应用任务训练见表5-2。

表 5-2　救援无人机应用任务训练表

任务编号：		完成时间：	
训练地点：		小组成员：	

任务描述：

1. 任务名称：救援无人机应用。
2. 任务目的：参见教材任务目标。
3. 概要描述：收集不同种类的无人机照片，进行图片打印，每小组一套，每套最少5张不同类型的无人机设备图片，在规定时间将成果展示的内容进行完善，要求每张图片对应写出其类别名称、特点和主要用途，完成过程中可以借助各种网络资源，最后小组完成成果展示页内容，将成果展示页放在指定位置进行展示，依据评价表完成小组自评、小组互评和教师评价。

（有条件的可以使用无人机进行操作实训）

任务准备：

1. 提前分组。
2. 制作所需要的材料。打印组件形式如下：

教师自行添加相关设施……

3. 笔、固体胶、剪刀和草稿纸若干。
4. 打印机、电脑等。

任务实施：

1. 将任务准备需要的材料分发给各小组，小组长代表小组抽取一套资料。
2. 小组将抽取的图片资料粘贴在成果展示页对应位置，完成相关内容，然后进行展示。
3. 小组派代表讲解所完成的作品。
4. 按照任务评价表完成小组自评、小组互评和教师评价。
5. 按照评价表规则确定各小组评价总分数。如果小组对评价成绩提出异议，教师进行成绩复核。
6. 冠军小组推出优秀组员2名，其他小组推出优秀组员1名，计入个人荣誉榜，教师留档。
7. 教师综合评价。

 成果展示

小组名称：_____

图片粘贴	使用功能描述	具体工作场所描述

事故应急救援技术活页式任务训练教程

小组心得：

小组自评：　　　　　　　　　　　　　　完成时间：

小组互评：　　　　　　　　　　　　　　小组成员：

教师评价：

　　　　　　　　　　　　　　　　　　　总　　评：_____

模块 2 事故应急救援常见设备设施应用

任务评价标准

小组自评□ 小组互评□ 教师评价□

序号	要素	分数	评价依据等级	得分
1	无人机种类	25 分	1. 种类判断(25 分) （优□ 良□ 中□ 差□）	
2	主要特点和功能	30 分	1. 主要特点描述正确(15 分) （优□ 良□ 中□ 差□） 2. 主要功能描述正确(15 分) （优□ 良□ 中□ 差□）	
3	小组心得	15 分	1. 能够发现自己小组的优缺点(7 分) （优□ 良□ 中□ 差□） 2. 能够发现其他小组的优缺点(8 分) （优□ 良□ 中□ 差□）	
4	动手能力、团队精神	15 分	1. 成果展示页干净整洁(5 分) （优□ 良□ 中□ 差□） 2. 按规定时间完成任务(5 分) （优□ 良□ 中□ 差□） 3. 相互配合、密切协作(5 分) （优□ 良□ 中□ 差□）	
5	创新精神、探索精神、劳动精神	15 分	1. 对无人机技术有自己独到的见解(5 分) （优□ 良□ 中□ 差□） 2. 能够使用教材、网络等多种资源(5 分) （优□ 良□ 中□ 差□） 3. 能够协助老师准备物品和清理现场(5 分) （优□ 良□ 中□ 差 ）	

备注：小组自评、小组互评、教师评价都要依据以上评价表完成后将分数写在卡片对应位置处。权重推荐比例：小组自评占 30%，小组互评占 30%，教师评价占 40%，最后以三者总分作为最终评价分数。

评价人：　　　　　　　　　　　　　　　　　　　　　　日期：　　年　　月　　日

65

巩固拓展

一、单选题

1. 机翼固定不变,靠流过机翼的风提供升力的是(　　)。
A. 旋翼无人机　　　B. 固定翼无人机　　　C. 伞翼机　　　D. 扑翼无人机

2. 无人机系统主要由(　　)、控制站、通信链路等组成。
A. 飞行器　　　　　B. 电动装置　　　　　C. 旋翼装置　　D. 固定翼装置

二、判断题

1. 飞艇是一种轻于空气的航空器,它与热气球最大的区别在于具有推进和控制飞行状态的装置。(　　)

2. 无人机按照外形构造可以分为旋翼无人机、固定翼无人机、无人飞艇、伞翼机、扑翼无人机。(　　)

三、拓展题

1. 举例说明无人机救援的重要性。
2. 无人机救援会受到哪些因素的限制?

 收获及反馈

总体收获及反馈

任务3　救援机器人应用任务训练

救援机器人应用任务训练见表5-3。

表 5-3　救援机器人应用任务训练表

任务编号：		完成时间：	
训练地点：		小组成员：	

任务描述：

1. 任务名称：救援机器人应用。
2. 任务目的：参见教材任务目标。
3. 概要描述：收集不同种类的救援机器人照片，进行图片打印，每小组一套，每套中应该包含履带式、轮式、仿生式、水上救援式四种机器人类型，且各套之间同种机器人采用不同的照片。在规定时间将成果展示的内容进行完善，要求每张图片对应写出其类别名称、特点和主要用途，完成过程中可以借助各种网络资源，最后小组完成成果展示页内容，将成果展示页放在指定位置展示，依据评价表完成小组自评、小组互评和教师评价。

（有条件的可以使用机器人进行操作实训）

任务准备：

1. 提前分组。
2. 制作所需要的材料并打印成套。打印组件形式如下：

3. 记录笔、固体胶、剪刀和草稿纸若干。
4. 打印机、电脑等。

任务实施：

1. 将任务准备需要的材料分发给各小组，小组长代表小组抽取一套资料。
2. 小组将所抽取的图片资料粘贴在成果展示页对应位置，完成相关内容，然后进行展示。
3. 小组派代表进行经验交流。
4. 按照任务评价表完成小组自评、小组互评和教师评价。
5. 按照评价表规则确定各小组评价总分数。如果小组对评价成绩提出异议，教师进行成绩复核。
6. 冠军小组推出优秀组员2名，其他小组推出优秀组员1名，计入个人荣誉榜，教师留档。
7. 教师综合评价。

成果展示

图片粘贴	使用功能描述	具体工作场所描述

小组名称：_____

模块 2　事故应急救援常见设备设施应用

小组心得：

小组自评：　　　　　　　　　　　完成时间：
小组互评：　　　　　　　　　　　小组成员：
教师评价：
　　　　　　　　　　　　　　　　总　　评：_____

事故应急救援技术活页式任务训练教程

任务评价

任务评价标准

小组自评□　小组互评□　教师评价□

序号	要素	分数	评价依据等级	得分
1	救援机器人种类	25分	1. 种类判断（25分） （优□ 良□ 中□ 差□）	
2	主要特点和功能	20分	1. 主要特点描述正确（10分） （优□ 良□ 中□ 差□） 2. 主要功能描述正确（10分） （优□ 良□ 中□ 差□）	
3	小组分享交流	10分	1. 交流内容正确全面（5分） （优□ 良□ 中□ 差□） 2. 精神饱满、有感染力（5分） （优□ 良□ 中□ 差□）	
4	小组心得	15分	1. 能够发现自己小组的优缺点（7分） （优□ 良□ 中□ 差□） 2. 能够发现其他小组的优缺点（8分） （优□ 良□ 中□ 差□）	
5	团队精神、探索精神	15分	1. 密切合作、互帮互助（7分） （优□ 良□ 中□ 差□） 2. 能够使用教材、网络等多种资源（8分） （优□ 良□ 中□ 差□）	
6	纪律性、创新思维、劳动精神	15分	1. 遵守纪律、服从安排（5分） （优□ 良□ 中□ 差□） 2. 能够形成独特的见解（5分） （优□ 良□ 中□ 差□） 3. 能够协助老师准备物品和清理现场（5分） （优□ 良□ 中□ 差□）	

备注：小组自评、小组互评、教师评价都要依据以上评价表完成后将分数写在卡片对应位置处。权重推荐比例：小组自评占30％，小组互评占30％，教师评价占40％，最后以三者总分作为最终评价分数。

评价人：　　　　　　　　　　　　　　　　　　　　日期：　年　月　日

模块 2　事故应急救援常见设备设施应用

巩固拓展

一、单选题

1. 消防救援时，消防机器人可以根据现场情况进行侦察，其侦察不包括哪一项？（　　）
   A. 火灾中的温湿度　　　　B. 风速风向
   C. 是否有有毒有害气体　　D. 财产损失
2. 仿生搜救机器人以（　　）为主。
   A. 蛇形搜救机器人　　　　B. 履带式搜救机器人
   C. 轮式搜救机器人　　　　D. 轮履复合救援机器人

二、判断题

1. 水上救援机器人能实现水面快速救援，通过抛投遥控操作的方式，救援机器人可快速抵达落水者身边并及时将其送回岸边，节省了救生员的救援过程。　（　　）
2. 轮式搜救机器人性能要优于履带式机器人。　（　　）

三、拓展题

1. 举例说明机器人救援的重要性。
2. 机器人救援会受到哪些因素的限制？

收获及反馈

总体收获及反馈

模块3

事故现场急救

模块 3　事故现场急救

项目 6　心肺复苏与止血包扎技术应用

任务 1　心肺复苏技术应用任务训练

心肺复苏技术应用任务训练见表 6-1。

表 6-1　心肺复苏技术应用任务训练表

任务编号：		完成时间：	
训练地点：		小组成员：	

任务描述：

1. 任务名称：心肺复苏技术应用。
2. 任务目的：参见教材任务目标。
3. 概要描述：建议 3 人一组，采取 1 人指挥 2 人操作的方式进行，每组分配心肺复苏模拟人 1 台。操作过程和结果得分依据打分表进行。完成后将主要结果填写在成果展示页对应位置，依据评价表完成小组自评、小组互评和教师评价。

任务准备：

1. 提前分组。
2. 心肺复苏模拟人若干。
3. 记录笔、固体胶、剪刀和草稿纸若干。

任务实施：

1. 将准备好的心肺复苏模拟人分发给各个小组。
2. 各小组首先自行熟悉设施器材。
3. 小组申请开始考核，小组成员 1 人指挥 2 人操作，依据场景展开施救。
4. 教师对照打分表对申请考核小组进行考核，考核完成后直接打出客观分数。
5. 小组完成后将主要结果填写在成果展示页对应位置，然后进行成果展示。
6. 小组派代表进行经验分享。
7. 按照任务评价表完成小组自评、小组互评和教师评价。
8. 按照评价表规则确定各小组评价总分数。如果小组对评价成绩提出异议，教师进行成绩复核。
9. 冠军小组推出优秀组员 2 名，其他小组推出优秀组员 1 名，计入个人荣誉榜，教师留档。
10. 教师综合评价。

心肺复苏客观分数打分表   小组名称：_____

序号	扣分原因及规定	扣分标准	扣分
1	确认抢救现场安全:观察四周,确认现场安全	未做一处扣5分	
2	靠近伤员判断意识:拍患者肩部,大声呼叫伤员,耳朵贴靠伤员嘴巴	未做一处扣5分	
3	呼救:环顾四周,呼喊求救,解衣松带,摆正体位	未做一处扣5分	
4	判断颈动脉和呼吸:手法正确(单侧触摸,时间不少于5 s不大于10 s),判断时用余光观察胸廓起伏,判断后报告有无脉搏和呼吸	未做一处,或时间不满足要求,每出现一处扣5分	
5	胸外按压定位:胸骨柄与两个乳头的交点,一手掌根部放于按压部位,另一手掌平行重叠于该手手背上,手指并拢,以掌根部接触按压部位,双臂位于伤员胸骨正上方,双肘关节伸直,利用上身重量垂直下压	一处不符合要求扣5分	
6	胸外按压:按压前口述按压开始,按压频率每分钟120次,按压幅度为胸腔下陷5～6 cm(每循环按压30次,时间15～18 s)	根据系统提示按压位置错误、按压不足或过大,每出现一次扣2分	
7	畅通气道:清理口腔,摆正头型	一处不符合要求扣5分	
8	打开气道:使用仰额抬颏法,确保下颏与耳朵的连线与地面垂直	一处不符合要求扣5分	
9	吹气:吹气时看到胸廓起伏,吹气完毕后立即离开口部,松开鼻腔,视伤员胸廓下降后再吹气	一处不符合要求扣5分	
10	按压吹气连续5个循环:连接仪器,打开考核模式,进行按压、吹气连续操作。按照机器提示,2 min内完成5个循环	1. 系统提示未能抢救成功,扣10分; 2. 掌根不重叠,扣5分; 3. 每次按压手掌离开胸膛,扣5分; 4. 吹气系统提示错误一次,扣2分,最多扣10分	
11	整理:安置患者,整理服装,摆好体位	一处不符扣5分	
12	本项标准分60分,扣完为止	总计得分:	

模块3 事故现场急救

小组名称：_____　　　　　　打分表总得分：_____

过程中按压频率结果情况登记：_____

五个循环：
1. 第一次胸外按压30下用时：_____ s。
2. 第二次胸外按压30下用时：_____ s。
3. 第三次胸外按压30下用时：_____ s。
4. 第四次胸外按压30下用时：_____ s。
5. 第五次胸外按压30下用时：_____ s。
超过15～18 s次数：_____。

小组心得：

_____
_____
_____
_____
_____
_____
_____

小组自评：　　　　　　　　　　完成时间：
小组互评：　　　　　　　　　　小组成员：
教师评价：
　　　　　　　　　　　　　　　总　　评：_____

77

任务评价

任务评价标准

小组自评☐　小组互评☐　教师评价☐

序号	要素	分数	评价依据等级	得分
1	心肺复苏考评	60分	1. 按照打分表考评(60分) （优☐良☐中☐差☐）	
2	小组分享交流	10分	1. 交流内容正确全面(5分) （优☐良☐中☐差☐） 2. 精神饱满、有感染力(5分) （优☐良☐中☐差☐）	
3	小组心得	10分	1. 能够发现自己小组的优缺点(5分) （优☐良☐中☐差☐） 2. 能够发现其他小组的优缺点(5分) （优☐良☐中☐差☐）	
4	时间观念、爱心奉献	10分	1. 按规定时间完成任务(5分) （优☐良☐中☐差☐） 2. 能够及时安抚伤员(5分) （优☐良☐中☐差☐）	
5	团队意识、规范意识	10分	1. 相互协作、互帮互助(5分) （优☐良☐中☐差☐） 2. 操作严格按照标准规范(5分) （优☐良☐中☐差☐）	

备注：小组自评、小组互评、教师评价都要依据以上评价表完成后将分数写在卡片对应位置处。权重推荐比例：小组自评占30%，小组互评占30%，教师评价占40%，最后以三者总分作为最终评价分数。

评价人：　　　　　　　　　　　　　　　　　　　　　　　日期：　　年　　月　　日

模块 3 事故现场急救

巩固拓展

一、单选题

1. 胸外按压幅度为胸腔下限（　　）cm。
A. 4～5　　　B. 5～6　　　C. 6～7　　　D. 7～8
2. 仰额抬颏法要求使其下颌和耳垂连线与地面（　　）。
A. 交叉　　　B. 平行　　　C. 垂直　　　D. 30°夹角

二、判断题

1. 心肺复苏要求先吹气再按压。（　　）
2. 只要心肺骤停，就可以进行心肺复苏抢救。（　　）
3. 心肺复苏按压部位为两乳头连线和胸骨柄交点。（　　）

三、拓展题

1. 双人心肺复苏应该如何配合？
2. 复原体位要摆成复苏体位，如何操作？
3. 请分析 AED 的用途和操作。

收获及反馈

总体收获及反馈

事故应急救援技术活页式任务训练教程

任务 2　止血包扎技术应用任务训练

止血包扎技术应用任务训练见表 6-2。

表 6-2　止血包扎技术应用任务训练表

任务编号：		完成时间：	
训练地点：		小组成员：	

任务描述：

1. 任务名称：止血包扎技术应用。
2. 任务目的：参见教材任务目标。
3. 概要描述：首先将几种事故受伤场景写入卡片，将卡片放在指定位置，每个小组组长抽取一张卡片，按照卡片上面描述的事故情况完成伤员模拟、止血、包扎操作。将完成后的重要结果拍照，粘贴在成果展示部分，最后将成果展示页放在对应位置进行展示，派代表进行操作经验分享交流，依据评价表完成小组自评、小组互评和教师评价。

任务准备：

1. 提前分组。
2. 医疗箱（包含橡胶止血带、弹力绷带、医用胶布、剪刀、三角巾等）。
3. 笔、固体胶、剪刀和草稿纸若干。
4. 事故情景卡片。
5. 打印机、电脑等。

事故情景卡片 1

某施工现场，一名工人在操作机械设备时不慎导致左小臂动脉出血。在此情况下，现场人员如何开展止血包扎急救？请进行演示操作。（选择一名小组成员模拟伤者，止血采用橡胶止血带，包扎采用弹力绷带螺旋反折包扎）

事故情景卡片 2

某工作现场，一名工人工作时不慎滑倒，小腿出血。在此情况下，现场人员如何开展现场急救？请进行演示操作。（选择一名小组成员模拟伤者，止血采用橡胶止血带，包扎采用弹力绷带螺旋反折包扎，采用夹板固定法固定骨折部位，采用担架搬运）

模块 3　事故现场急救

表 6-2(续)

事故情景卡片 3

　　某工作现场,一名工人不慎碰到机器边缘,额头出血。在此情况下,现场人员如何开展现场急救？请进行演示操作。(选择一名小组成员模拟伤者,止血采用指压止血法,包扎采用三角巾包扎)

教师自拟事故场景……

任务实施:

1. 将事故情景卡放在指定位置,小组派代表抽取。
2. 小组依据事故情景卡片选取完成任务需要的止血包扎器材。
3. 小组按照事故情景卡内容分工协作完成任务。
4. 将完成过程中的关键环节拍照留存。
5. 完成成果展示页内容,完成后放在指定位置展示。
6. 小组派代表进行经验分享。
7. 按照任务评价表完成小组自评、小组互评和教师评价。
8. 按照评价表规则确定各小组评价总分数。如果小组对评价成绩提出异议,教师进行成绩复核。
9. 冠军小组推出优秀组员 2 名,其他小组推出优秀组员 1 名,计入个人荣誉榜,教师留档。
10. 教师综合评价。

81

 成果展示

事故情景卡片序号：_____　　　　小组名称：_____

操作重要环节图片粘贴展示区：

小组心得：
_____
_____
_____
_____
_____
_____

小组自评：　　　　　　　　　完成时间：
小组互评：　　　　　　　　　小组成员：
教师评价：
　　　　　　　　　　　　　　总　　评：_____

模块 3　事故现场急救

任务评价

任务评价标准

小组自评□　小组互评□　教师评价□

序号	要素	分数	评价依据等级	得分
1	事故情景卡任务完成情况	60 分	1. 操作环节齐全(10 分) 　（优□ 良□ 中□ 差□） 2. 医疗设施器材选择齐全(10 分) 　（优□ 良□ 中□ 差□） 3. 操作方法正确(20 分) 　（优□ 良□ 中□ 差□） 4. 操作结果达标(20 分) 　（优□ 良□ 中□ 差□）	
2	小组分享交流	10 分	1. 交流内容正确全面(5 分) 　（优□ 良□ 中□ 差□） 2. 精神饱满、有感染力(5 分) 　（优□ 良□ 中□ 差□）	
3	小组心得	10 分	1. 能够发现自己小组的优缺点(5 分) 　（优□ 良□ 中□ 差□） 2. 能够发现其他小组的优缺点(5 分) 　（优□ 良□ 中□ 差□）	
4	时间观念、爱心奉献	10 分	1. 按规定时间完成任务(5 分) 　（优□ 良□ 中□ 差□） 2. 能够及时安抚伤员(5 分) 　（优□ 良□ 中□ 差□）	
5	团队意识、规范意识	10 分	1. 相互协作、互帮互助(5 分) 　（优□ 良□ 中□ 差□） 2. 操作严格按照标准规范(5 分) 　（优□ 良□ 中□ 差□）	

备注：小组自评、小组互评、教师评价都要依据以上评价表完成后将分数写在卡片对应位置处。权重推荐比例：小组自评占 30％，小组互评占 30％，教师评价占 40％，最后以三者总分作为最终评价分数。

评价人：　　　　　　　　　　　　　　　　　　　　　　　　　　日期：　　年　　月　　日

巩固拓展

一、单选题

1. 血液暗红色、血量中等、呈涌出状或缓缓外流、速度稍缓慢，以上出血症状是（   ）。
   A. 动脉出血   B. 静脉出血   C. 毛细血管出血   D. 大腿出血
2. 小臂出血使用指压止血法正确的是（   ）。
   A. 指压肱动脉   B. 指压股动脉   C. 指压颈动脉   D. 指压胫前动脉
3. 适用于绷带包扎开始与结束时，固定带端及包扎颈部、腕关节、胸部、额部、手掌、脚掌、踝关节和腹部等粗细相等部位的伤口，宜采用的绷带包扎法是（   ）。
   A. 环形包扎法   B. 螺旋形包扎法   C. 螺旋反折包扎法   D. 回返包扎法

二、判断题

1. 失血量小于5‰（200～400 mL）时，能自行代偿，无异常表现。（   ）
2. 三角巾包扎法无法对眼部受伤进行包扎。（   ）

三、拓展题

1. 人体主要血液循环有哪些？
2. 请分析人体的主要骨骼分布。

收获及反馈

总体收获及反馈

模块3 事故现场急救

项目7　骨折固定与伤员搬运技术应用

任务1　骨折固定技术应用任务训练

骨折固定技术应用任务训练见表7-1。

表7-1　骨折固定技术应用任务训练表

任务编号：		完成时间：	
训练地点：		小组成员：	

任务描述：

1. 任务名称：骨折固定技术应用。
2. 任务目的：参见教材任务目标。
3. 概要描述：首先将几种事故受伤场景写入卡片，将卡片放在指定位置，每个小组组长抽取一张卡片，按照卡片上面描述的事故情况完成伤员模拟、骨折固定操作。将完成后的重要结果拍照，粘贴在成果展示页对应位置，最后将成果展示页放在指定位置展示，派代表进行操作经验分享交流，依据评价表完成小组自评、小组互评和教师评价。

任务准备：

1. 提前分组。
2. 骨折固定物品（包含木板、布条、医用胶布、剪刀、三角巾等）。
3. 记录笔、固体胶、剪刀和草稿纸若干。
4. 事故情景卡片。
5. 打印机、电脑等。

事故情景卡片1

某施工现场，一名工人在高处作业时，不慎从二楼摔下，导致大腿骨折，现场人员如何开展现场急救？请进行演示操作。（选择一名小组成员模拟伤者，采用大腿骨折固定法进行骨折固定）

85

表 7-1(续)

事故情景卡片 2

针对教材本任务"案例引入"中案例 1 的事故场景,进行现场骨折固定急救操作演示。(选择一名小组成员模拟伤者,采用小臂骨折固定法进行骨折固定)

教师自拟事故场景……

任务实施：

1. 将事故情景卡放在指定位置,小组派代表抽取。
2. 小组依据事故情景卡片选取完成任务需要的骨折固定器材。
3. 小组按照事故情景卡内容分工协作完成任务。
4. 将完成过程中的关键环节拍照留存。
5. 完成成果展示页内容,完成后放在指定位置展示。
6. 小组派代表进行经验分享。
7. 按照任务评价表完成小组自评、小组互评和教师评价。
8. 按照评价表规则确定各小组评价总分数。如果小组对评价成绩提出异议,教师进行成绩复核。
9. 冠军小组推出优秀组员 2 名,其他小组推出优秀组员 1 名,计入个人荣誉榜,教师留档。
10. 教师综合评价。

模块3　事故现场急救

 成果展示

事故情景卡片序号：_____　　　　小组名称：_____

操作重要环节图片粘贴展示区：

小组心得：

小组自评：　　　　　　　　完成时间：
小组互评：　　　　　　　　小组成员：
教师评价：
　　　　　　　　　　　　　总　　评：_____

87

任务评价

任务评价标准

小组自评□　小组互评□　教师评价□

序号	要素	分数	评价依据等级	得分
1	事故情景卡任务完成情况	60分	1. 操作环节齐全（10分）（优□良□中□差□） 2. 医疗设施器材选择齐全（10分）（优□良□中□差□） 3. 操作方法正确（10分）（优□良□中□差□） 4. 操作结果达标（15分）（优□良□中□差□） 5. 现场故事情境演绎流畅（15分）（优□良□中□差□）	
2	小组分享交流	10分	1. 交流内容正确全面（5分）（优□良□中□差□） 2. 精神饱满、有感染力（5分）（优□良□中□差□）	
3	小组心得	10分	1. 能够发现自己小组的优缺点（5分）（优□良□中□差□） 2. 能够发现其他小组的优缺点（5分）（优□良□中□差□）	
4	时间观念、爱心奉献	10分	1. 按规定时间完成任务（5分）（优□良□中□差□） 2. 能够及时安抚伤员（5分）（优□良□中□差□）	
5	团队意识、规范意识	10分	1. 相互协作、互帮互助（5分）（优□良□中□差□） 2. 操作严格按照标准规范（5分）（优□良□中□差□）	

备注：小组自评、小组互评、教师评价都要依据以上评价表完成后将分数写在卡片对应位置处。权重推荐比例：小组自评占30％，小组互评占30％，教师评价占40％，最后以三者总分作为最终评价分数。

评价人：　　　　　　　　　　　　　　　　　　　　　　　　　日期：　　年　　月　　日

模块 3　事故现场急救

巩固拓展

一、单选题

1. 需要借助夹板的现场急救是（　　）。
A. 心肺复苏　　　　B. 骨折固定　　　　C 止血包扎　　　　D. 伤员搬运
2. 下列关于小腿骨折固定说法错误的是（　　）。
A. 用 2 块有垫夹板放在小腿的内外侧
B. 夹板上至大腿中部、下至足部
C. 用 5 条绑带分别固定小腿骨折的上下两端、大腿中部、膝关节和踝关节
D. 踝关节要求一字形固定

二、判断题

1. 骨折固定等同于骨折复位。（　　）
2. 骨折伤肢固定应超过骨折上下两个关节。（　　）

三、拓展题

1. 人体骨骼的基本组成有哪些？
2. 人体骨骼的连接方式有哪些？

收获及反馈

总体收获及反馈

任务 2　伤员搬运技术应用任务训练

伤员搬运技术应用任务训练见表 7-2。

表 7-2　伤员搬运技术应用任务训练表

任务编号：		完成时间：	
训练地点：		小组成员：	

任务描述：

1. 任务名称：伤员搬运技术应用。
2. 任务目的：参见教材任务目标。
3. 概要描述：首先将几种事故受伤场景写入卡片，将卡片放在指定位置，每个小组组长抽取一张卡片，按照卡片上面描述的事故情况完成伤员模拟、搬运操作。将完成后的重要结果拍照，粘贴在成果展示页对应位置，最后进行成果展示，派代表进行操作经验分享交流，依据评价表完成小组自评、小组互评和教师评价。

任务准备：

1. 提前分组。
2. 伤员搬运（器械搬运需要准备担架）。
3. 笔、固体胶、剪刀和草稿纸若干。
4. 事故情景卡片。
5. 打印机、电脑等。

事故情景卡片 1

结合教材本任务"案例引入"中案例 1 的事故场景，如果你作为现场唯一的发现人员，请采用合适的搬运法完成单人搬运。要求小组一人模拟伤员、一人搬运，完成后角色互换。

事故情景卡片 2

一场地震事故发生后，一名伤员意识丧失，无骨折和出血现象，在一个狭小空间，如何进行伤员搬运？要求小组一人模拟伤员、一人搬运，完成后角色互换。

模块 3　事故现场急救

表 7-2(续)

事故情景卡片 3

　　一人在进行高处作业时不慎摔伤,发生小腿骨折,无法行走,进行骨折固定后,如何使用担架进行搬运?要求小组三人进行搬运演示,完成后可以互换角色。

教师可以自设事故场景,要求学生完成相关伤员搬运操作……

任务实施:

1. 将事故情景卡放在指定位置,小组派代表抽取。
2. 小组依据事故情景卡片选取完成任务需要的伤员搬运物品。
3. 按照事故情景卡内容小组分工协作完成任务。
4. 将完成过程中的关键环节拍照留存。
5. 完成成果展示页内容,完成后放在指定位置展示。
6. 小组派代表进行经验分享。
7. 按照任务评价表完成小组自评、小组互评和教师评价。
8. 按照评价表规则确定各小组评价总分数。如果小组对评价成绩提出异议,教师进行成绩复核。
9. 冠军小组推出优秀组员 2 名,其他小组推出优秀组员 1 名,计入个人荣誉榜,教师留档。
10. 教师综合评价。

 成果展示

事故情景卡片序号：_____　　　　小组名称：_____

操作重要环节图片粘贴展示区：

小组心得：
_____
_____
_____
_____
_____
_____

小组自评：　　　　　　　　　　　完成时间：
小组互评：　　　　　　　　　　　小组成员：
教师评价：
　　　　　　　　　　　　　　　　总　　评：_____

模块3 事故现场急救

任务评价

任务评价标准

小组自评☐　小组互评☐　教师评价☐

序号	要素	分数	评价依据等级	得分
1	事故情景卡 任务完成情况	60分	1. 操作环节齐全(10分) 　(优☐良☐中☐差☐) 2. 选择搬运方法正确(10分) 　(优☐良☐中☐差☐) 3. 操作方法正确(10分) 　(优☐良☐中☐差☐) 4. 操作结果达标(15分) 　(优☐良☐中☐差☐) 5. 现场情境演绎流畅(15分) 　(优☐良☐中☐差☐)	
2	小组分享交流	10分	1. 交流内容正确全面(5分) 　(优☐良☐中☐差☐) 2. 精神饱满、有感染力(5分) 　(优☐良☐中☐差☐)	
3	小组心得	10分	1. 能够发现自己小组的优缺点(5分) 　(优☐良☐中☐差☐) 2. 能够发现其他小组的优缺点(5分) 　(优☐良☐中☐差☐)	
4	时间观念、 爱心奉献	10分	1. 按规定时间完成任务(5分) 　(优☐良☐中☐差☐) 2. 能够及时安抚伤员(5分) 　(优☐良☐中☐差☐)	
5	团队意识、 规范意识	10分	1. 相互协作、互帮互助(5分) 　(优☐良☐中☐差☐) 2. 操作严格按照标准规范(5分) 　(优☐良☐中☐差☐)	

备注：小组自评、小组互评、教师评价都要依据以上评价表完成后将分数写在卡片对应位置处。权重推荐比例：小组自评占30％，小组互评占30％，教师评价占40％，最后以三者总分作为最终评价分数。

评价人：　　　　　　　　　　　　　　　　　　　　　　　　日期：　　年　　月　　日

巩固拓展

一、单选题

1. 对于腿部骨折已经进行固定的伤员,最好的搬运方法是(　　)。
   A. 背负法　　　B. 扶行法　　　C. 肩扛法　　　D. 担架搬运法
2. 三人徒手搬运要求三人站在伤员的(　　)。
   A. 左侧　　　　B. 右侧　　　　C. 未受伤一侧　　D. 受伤一侧

二、判断题

1. 扶行法适合意识丧失的伤员。　　　　　　　　　　　　　　　　(　　)
2. 座椅式搬运适合体弱而清醒的一般伤患者。　　　　　　　　　　(　　)

三、拓展题

1. 伤员搬运容易出现的错误有哪些?
2. 你认为哪些搬运方法现场更容易操作?

收获及反馈

总体收获及反馈

模块4
事故初期处置与避险

项目 8　简单事故初期处置

任务 1　触电事故初期处置任务训练

触电事故初期处置任务训练见表 8-1。

表 8-1　触电事故初期处置任务训练表

任务编号：		完成时间：	
训练地点：		小组成员：	

任务描述：
1. 任务名称：触电事故初期处置。
2. 任务目的：参见教材任务目标。
3. 概要描述：准备不同触电场景，打印成不同的卡片，学生分组抽取卡片，按照卡片布置事故场景（事故场景中的设备设施可以使用实际物品或图签模拟），完成卡片中触电事故的现场急救演练任务，进行成果展示，依据评价表完成小组自评、小组互评和教师评价。

任务准备：
1. 提前分组。
2. 打印触电事故现场片卡。（注：教师可以自行选择各种触电场景，也可以在图中进行适当的场景语言描述）

卡片 1　　　　　　　　卡片 2　　　　　　　　卡片 3

教师自行添加图片

3. 布置训练现场，准备触电急救的现场物品，如干木板、木棍等。如果没有实物，可采用其他物品代替。
4. 笔、固体胶、剪刀和草稿纸若干。
5. 打印机、电脑等。

任务实施：
1. 各小组派代表抽取触电现场卡片。
2. 各小组依据所抽取的卡片场景进行现场模拟布置。
3. 小组进行角色分工，依照触电事故场景进行事故现场模拟处理。
4. 完成成果展示页内容，完成后放在指定位置展示。
5. 小组派代表进行经验分享。
6. 按照任务评价表完成小组自评、小组互评和教师评价。
7. 按照评价表规则确定各小组评价总分数。如果小组对评价成绩提出异议，教师进行成绩复核。
8. 冠军小组推出优秀组员 2 名，其他小组推出优秀组员 1 名，计入个人荣誉榜，教师留档。
9. 教师综合评价。

 成果展示

事故情景卡片序号：_____　　　小组名称：_____

操作重要环节图片粘贴展示区：

小组心得：

小组自评：　　　　　　　　　完成时间：
小组互评：　　　　　　　　　小组成员：
教师评价：
　　　　　　　　　　　　　　总　　评：_____

模块 4　事故初期处置与避险

任务评价

任务评价标准

小组自评☐　小组互评☐　教师评价☐

序号	要素	分数	评价依据等级	得分
1	触电现场急救模拟考核	50 分	1. 现场观察、呼喊求救(10 分) 　（优☐良☐中☐差☐） 2. 触电类型和等级判断(10 分) 　（优☐良☐中☐差☐） 3. 用正确方法、程序摆脱电源(10 分) 　（优☐良☐中☐差☐） 4. 场景模拟逼真、操作过程流畅(10 分) 　（优☐良☐中☐差☐） 5. 后续处理措施得当(10 分) 　（优☐良☐中☐差☐）	
2	小组分享交流	20 分	1. 交流内容正确全面(10 分) 　（优☐良☐中☐差☐） 2. 精神饱满、有感染力(10 分) 　（优☐良☐中☐差☐）	
3	小组心得	10 分	1. 能够发现自己小组的优缺点(5 分) 　（优☐良☐中☐差☐） 2. 能够发现其他小组的优缺点(5 分) 　（优☐良☐中☐差☐）	
4	勇敢担当、尊重科学	10 分	1. 完成任务有条不紊,勇于承担各项任务(5 分) 　（优☐良☐中☐差☐） 2. 能够依据具体场景条件科学地采取措施(5 分) 　（优☐良☐中☐差☐）	
5	团队意识、时间观念	10 分	1. 相互协作、互帮互助(5 分) 　（优☐良☐中☐差☐） 2. 按规定时间完成任务(5 分) 　（优☐良☐中☐差☐）	

备注：小组自评、小组互评、教师评价都要依据以上评价表完成后将分数写在卡片对应位置处。权重推荐比例：小组自评占 30%,小组互评占 30%,教师评价占 40%,最后以三者总分作为最终评价分数。

评价人：　　　　　　　　　　　　　　　　　　　　　　　　　　　日期：　　年　　月　　日

99

巩固拓展

一、单选题

1. 人靠近高压线（高压带电体），造成弧光放电而触电属于（　　）。
   A. 单相触电　　　B. 双相触电　　　C. 跨步电压触电　　　D. 高压电弧触电
2. 交流电压达到 380 V 的触电事故属于（　　）。
   A. 高压触电事故　　B. 低压触电事故　　C. 跨步电压触电事故　　D. 单相触电事故

二、判断题

1. 人体不同部位分别接触到同一电源的两根不同相位的相线，电流从一根相线经人体流到另一根相线的触电现象叫作单相触电。　　　　　　　　　　　　　　　（　　）
2. 发生触电时，现场人员必须马上将触电者拉到安全区域。　　　　　　　（　　）

三、拓展题

1. 列举 2~3 个触电事故，分析其发生的原因和急救措施。
2. 保护接地和保护接零的作用是什么？

收获及反馈

总体收获及反馈

任务2　淹溺事故初期处置任务训练

淹溺事故初期处置任务训练见表8-2。

表8-2　淹溺事故初期处置任务训练表

任务编号：		完成时间：	
训练地点：		小组成员：	

任务描述：

1. 任务名称：淹溺事故初期处置。
2. 任务目的：参见教材任务目标。
3. 概要描述：准备不同淹溺事故场景，打印成不同的卡片，学生分组抽取卡片，按照卡片布置事故场景（事故场景中的设备设施可以使用实际物品或图签模拟）。完成卡片中淹溺事故的现场急救演练任务，进行成果展示，依据评价表完成小组自评、小组互评和教师评价。

任务准备：

1. 提前分组。
2. 打印淹溺事故现场片卡。（注：教师可以自行选择各种淹溺事故场景，也可以在图中进行适当的场景语言描述）

卡片1　　　　　　　　卡片2　　　　　　　　卡片3

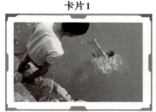

教师自行添加图片

3. 布置训练现场，可以放置一些淹溺急救的物品。
4. 笔、固体胶、剪刀和草稿纸若干。
5. 打印机、电脑等。

任务实施：

1. 各小组派代表抽取淹溺事故现场卡片。
2. 各小组依据所抽取的卡片场景进行现场模拟布置。
3. 小组进行角色分工，依照淹溺事故场景进行事故现场模拟处理。注意模拟过程一定要体现报警、各种自救方法、互救方法及岸上救援，采用手指口述与实际操作相结合的方式进行。
4. 模拟过程中将关键点进行拍照留存。
5. 完成成果展示页内容，完成后放在指定位置展示。
6. 小组派代表进行经验分享。
7. 按照任务评价表完成小组自评、小组互评和教师评价。
8. 按照评价表规则确定各小组评价总分数。如果小组对评价成绩提出异议，教师进行成绩复核。
9. 冠军小组推出优秀组员2名，其他小组推出优秀组员1名，计入个人荣誉榜，教师留档。
10. 教师综合评价。

 成果展示

事故情景卡片序号：_____　　　　小组名称：_____

操作重要环节图片粘贴展示区：

小组心得：
_____
_____
_____
_____
_____
_____
_____

小组自评：　　　　　　　　　　　完成时间：
小组互评：　　　　　　　　　　　小组成员：
教师评价：
　　　　　　　　　　　　　　　　总　　评：_____

模块 4　事故初期处置与避险

任务评价

任务评价标准

小组自评□　小组互评□　教师评价□

序号	要素	分数	评价依据等级	得分
1	淹溺事故现场急救模拟操作考核	60分	1. 现场设置符合图片场景(5分) 　(优□良□中□差□) 2. 现场观察、呼喊求救(5分) 　(优□良□中□差□) 3. 演示淹溺自救的主要方法(手指口述＋动作)(10分) 　(优□良□中□差□) 4. 演示手指抽筋、脚趾抽筋、小腿肚抽筋、腹部抽筋等处理方法(10分) 　(优□良□中□差□) 5. 演示伸手救援、借物救援、抛物救援、划船救援、游泳救援各种动作姿势(10分) 　(优□良□中□差□) 6. 场景模拟逼真、操作过程流畅(10分) 　(优□良□中□差□) 7. 后续处理措施得当(10分) 　(优□良□中□差□)	
2	小组分享交流	10分	1. 交流内容正确全面(5分) 　(优□良□中□差□) 2. 精神饱满、有感染力(5分) 　(优□良□中□差□)	
3	小组心得	10分	1. 能够发现自己小组的优缺点(5分) 　(优□良□中□差□) 2. 能够发现其他小组的优缺点(5分) 　(优□良□中□差□)	
4	勇敢担当、细心冷静	10分	1. 完成任务有条不紊,勇于承担各项任务(5分) 　(优□良□中□差□) 2. 考虑周全,遇到突发情况不慌乱(5分) 　(优□良□中□差□)	
5	团队意识、时间观念	10分	1. 相互协作、互帮互助(5分) 　(优□良□中□差□) 2. 按规定时间完成任务(5分) 　(优□良□中□差□)	

　　备注:小组自评、小组互评、教师评价都要依据以上评价表完成后将分数写在卡片对应位置处。权重推荐比例:小组自评占30%,小组互评占30%,教师评价占40%,最后以三者总分作为最终评价分数。

评价人:　　　　　　　　　　　　　　　　　　　　　　　　日期:　　年　月　日

二、巩固拓展

一、单选题

1. 淹溺事故按照《企业职工伤亡事故分类》(GB 6441)属于第（　　）类。
   A. 6　　　　　　B. 3　　　　　　C. 2　　　　　　D. 1

2. （　　）会导致高钠血症。
   A. 淡水淹溺　　　B. 海水淹溺　　　C. 河水淹溺　　　D. 井水淹溺

二、判断题

1. 一旦发现有人落水，第一目击者如果会游泳，需要马上下水救援。（　　）
2. 淹溺自救方法包括"抱膝法""仰漂法"等。（　　）

三、拓展题

1. 如果遇到汽车落水，车内人员应如何开展自救？
2. 自己收集一个淹溺案例，按照所学内容进行淹溺现场急救分析。

三、收获及反馈

总体收获及反馈

任务3　灼烫事故初期处置任务训练

灼烫事故初期处置任务训练见表8-3。

表8-3　灼烫事故初期处置任务训练表

任务编号：		完成时间：	
训练地点：		小组成员：	

任务描述：

1. 任务名称：灼烫事故初期处置。
2. 任务目的：参见教材任务目标。
3. 概要描述：准备不同灼烫事故场景，打印成不同的卡片，学生分组抽取卡片，按照卡片布置事故场景（事故场景中的设备设施可以使用实际物品或图签模拟）。完成卡片中灼烫事故的现场急救演练任务，进行成果展示，依据评价表完成小组自评、小组互评和教师评价。

任务准备：

1. 提前分组。
2. 打印灼烫事故现场片卡。（注：教师可以自行选择各种灼烫事故场景，也可以在图中进行适当的场景语言描述）

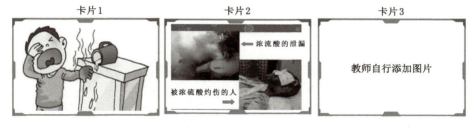

3. 布置训练现场，准备灼烫事故急救的相关物品（医疗箱等）。如果没有实物，采用其他物品代替。
4. 笔、固体胶、剪刀和草稿纸若干。
5. 打印机、电脑等。

任务实施：

1. 各小组派代表抽取灼烫事故现场卡片。
2. 各小组依据抽取的卡片场景进行现场模拟布置。
3. 小组进行角色分工，依照灼烫事故场景进行事故现场模拟处理。
4. 完成成果展示页内容，完成后放在指定位置展示。
5. 小组派代表进行经验分享。
6. 各小组结合具体情况填写小组心得。
7. 按照任务评价表完成小组自评、小组互评和教师评价。
8. 按照评价表规则确定各小组评价总分数。如果小组对评价成绩提出异议，教师进行成绩复核。
9. 冠军小组推出优秀组员2名，其他小组推出优秀组员1名，计入个人荣誉榜，教师留档。
10. 教师综合评价。

事故情景卡片序号：_____　　　　小组名称：_____

操作重要环节图片粘贴展示区：

小组心得：
_____
_____
_____
_____
_____
_____

小组自评：　　　　　　　　　　　完成时间：
小组互评：　　　　　　　　　　　小组成员：
教师评价：
　　　　　　　　　　　　　　　　总　　评：_____

模块 4　事故初期处置与避险

任务评价

任务评价标准

小组自评□　小组互评□　教师评价□

序号	要素	分数	评价依据等级	得分
1	灼烫事故现场急救模拟操作考核	60 分	1. 判断灼烫事故类型(15 分) 　（优□ 良□ 中□ 差□） 2. 口述灼烫事故特点和一般处置方法(15 分) 　（优□ 良□ 中□ 差□） 3. 场景模拟逼真，操作过程流畅(15 分) 　（优□ 良□ 中□ 差□） 4. 后续处理措施得当(15 分) 　（优□ 良□ 中□ 差□）	
2	小组分享交流	10 分	1. 交流内容正确全面(5 分) 　（优□ 良□ 中□ 差□） 2. 精神饱满、有感染力(5 分) 　（优□ 良□ 中□ 差□）	
3	小组心得	10 分	1. 能够发现自己小组的优缺点(5 分) 　（优□ 良□ 中□ 差□） 2. 能够发现其他小组的优缺点(5 分) 　（优□ 良□ 中□ 差□）	
4	勇敢担当、尊重科学	10 分	1. 完成任务有条不紊，勇于承担各项任务(5 分) 　（优□ 良□ 中□ 差□） 2. 能够依据具体场景条件科学地采取措施(5 分) 　（优□ 良□ 中□ 差□）	
5	随机应变、抓住本质	10 分	1. 能够依据不同情况采取不同措施(5 分) 　（优□ 良□ 中□ 差□） 2. 能够抓住急救核心技术，主次分明(5 分) 　（优□ 良□ 中□ 差□）	

备注：小组自评、小组互评、教师评价都要依据以上评价表完成后将分数写在卡片对应位置处。权重推荐比例：小组自评占 30%，小组互评占 30%，教师评价占 40%，最后以三者总分作为最终评价分数。

评价人：　　　　　　　　　　　　　　　　　　　　　　　　日期：　　年　　月　　日

二、巩固拓展

一、单选题

1. 烫伤深度仅达到表皮层,属于（　　）度烫伤。
   A. 一　　　　　B. 浅二　　　　　C. 深二　　　　　D. 三
2. 以下不属于灼烫事故的是（　　）。
   A. 热液烫伤　　B. 酸碱烧伤　　　C. 因火焰引起的烧伤　　D. 电灼伤

二、判断题

1. 酸性灼伤需要立即使用清水冲洗,然后使用硼酸或醋酸温敷。（　　）
2. 热液灼伤严重时,最好使用冰块冰敷,以最快速度达到降温目的。（　　）

三、拓展题

1. 哪些行业工作过程中容易出现灼烫事故？是什么类别的灼烫事故？
2. 自己收集一个强碱灼烫事故案例,按照所学内容进行灼烫事故现场急救分析。

三、收获及反馈

总体收获及反馈

模块 4　事故初期处置与避险

项目 9　建筑火灾事故初期处置与避险

任务 1　高层建筑火灾事故初期处置与避险任务训练

高层建筑火灾事故初期处置与避险任务训练见表 9-1。

表 9-1　高层建筑火灾事故初期处置与避险任务训练表

任务编号：		完成时间：	
训练地点：		小组成员：	

任务描述：

1. 任务名称：高层建筑火灾事故初期处置与避险。
2. 任务目的：参见教材任务目标。
3. 概要描述：首先将几种火灾事故场景写入卡片，将卡片放在指定位置，每个小组组长抽取一张卡片，按照卡片上面描述的高层建筑火灾事故场景完成火灾报警、初期处置与避险等训练内容。将完成后的结果拍照，完成成果展示页内容，进行成果展示，派代表进行操作经验分享交流，依据评价表完成小组自评、小组互评和教师评价。

任务准备：

1. 提前分组。
2. 火灾现场布置：现场设置必要的设施或模拟道具（如灭火器、消火栓、手动报警按钮、毛巾等），模拟布置现场环境（如手动报警按钮位置、防烟楼梯间位置、防火门位置等）。
3. 笔、固体胶、剪刀和草稿纸若干。
4. 事故情景卡片。
5. 打印机、电脑等。

事故情景卡片 1

某高层建筑第 22 层一个房间发生电器火灾，场景如左图所示，小组按照右边流程进行演练，编制演练方案，按照演练方案进行演练。

一定体现灭火器、火灾手动报警按钮、消火栓的使用，一定要充分利用现场物品，避险演练时一定要体现主要的避险技能。

109

事故应急救援技术活页式任务训练教程

表 9-1(续)

事故情景卡片 2

某高层建筑第20层一个厨房发生油锅着火,场景如左图所示,小组按照右边流程进行演练,编制演练方案,按照演练方案进行演练。

一定体现灭火器、火灾手动报警按钮、消火栓的使用,避险方法演练时一定要体现主要的避险技能。

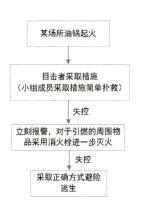

教师自设事故场景……

任务实施:
1. 将事故情景卡放在指定位置,小组派代表抽取。
2. 小组依据所抽事故情景卡片,模拟布置事故场景。
3. 小组按照事故情景卡内容分工协作完成任务。
4. 将完成过程中的关键环节拍照留存。
5. 完成成果展示页内容,完成后放在指定位置展示。
6. 小组派代表进行经验分享。
7. 按照任务评价表完成小组自评、小组互评和教师评价。
8. 按照评价表规则确定各小组评价总分数。如果小组对评价成绩提出异议,教师进行成绩复核。
9. 冠军小组推出优秀组员 2 名,其他小组推出优秀组员 1 名,计入个人荣誉榜,教师留档。
10. 教师综合评价。

模块4　事故初期处置与避险

 成果展示

事故情景卡片序号：_____　　　　小组名称：_____

操作重要环节图片粘贴展示区：

小组心得：

小组自评：　　　　　　　　　　　完成时间：
小组互评：　　　　　　　　　　　小组成员：
教师评价：
　　　　　　　　　　　　　　　　总　　评：_____

111

任务评价

任务评价标准

小组自评□　小组互评□　教师评价□

序号	要素	分数	评价依据等级	得分
1	事故情景卡演练完成情况	60 分	1. 场景模拟真实全面(10 分) 　（优□ 良□ 中□ 差□） 2. 火灾报警方式方法和内容正确(10 分) 　（优□ 良□ 中□ 差□） 3. 灭火时充分利用现场物品(10 分) 　（优□ 良□ 中□ 差□） 4. 灭火器选择使用正确(5 分) 　（优□ 良□ 中□ 差□） 5. 消火栓使用正确(5 分) 　（优□ 良□ 中□ 差□） 6. 避险逃生方法多样(10 分) 　（优□ 良□ 中□ 差□） 7. 避险逃生方法使用正确(10 分) 　（优□ 良□ 中□ 差□）	
2	小组分享交流	10 分	1. 交流内容正确全面(5 分) 　（优□ 良□ 中□ 差□） 2. 精神饱满、有感染力(5 分) 　（优□ 良□ 中□ 差□）	
3	小组心得	10 分	1. 能够发现自己小组的优缺点(5 分) 　（优□ 良□ 中□ 差□） 2. 能够发现其他小组的优缺点(5 分) 　（优□ 良□ 中□ 差□）	
4	勇敢担当、尊重科学	10 分	1. 完成任务有条不紊，勇于承担各项任务(5 分) 　（优□ 良□ 中□ 差□） 2. 能够依据具体场景条件科学地采取措施(5 分) 　（优□ 良□ 中□ 差□）	
5	团队意识、善于观察	10 分	1. 相互协作、互帮互助(5 分) 　（优□ 良□ 中□ 差□） 2. 操作前能够观察仔细，善于找到问题突破口(5 分) 　（优□ 良□ 中□ 差□）	

备注：小组自评、小组互评、教师评价都要依据以上评价表完成后将分数写在卡片对应位置处。权重推荐比例：小组自评占 30％，小组互评占 30％，教师评价占 40％，最后以三者总分作为最终评价分数。

评价人：　　　　　　　　　　　　　　　　　　　　　　　　日期：　　年　　月　　日

模块 4　事故初期处置与避险

巩固拓展

一、单选题

1. 一个超过 25 m 的单层厂房属于（　　）。
   A. 单层建筑　　　　B. 一类高层建筑　　　C. 二类高层建筑　　　D. 超高层建筑
2. 火灾发生后，有人按动了火灾手动报警按钮，报警信息将传递到（　　）。
   A. 领导办公室　　　B. 消防控制室　　　　C. 水泵房　　　　　　D. 建筑全楼层

二、判断题

1. 发生火灾后为了快速逃离，应抓紧从电梯撤离。　　　　　　　　　　　　　（　　）
2. 高层建筑发生火灾后，一定要马上打开房门，寻找疏散楼梯，向下逃生。　　（　　）

三、拓展题

1. 分析高层建筑房间应该配备哪些重要的急救器材？
2. 什么样的民用建筑才必须安装消防电梯？

 收获及反馈

总体收获及反馈

事故应急救援技术活页式任务训练教程

任务 2　商场建筑火灾事故初期处置与避险任务训练

商场建筑火灾事故初期处置与避险任务训练见表 9-2。

表 9-2　商场建筑火灾事故初期处置与避险任务训练表

任务编号：		完成时间：	
训练地点：		小组成员：	

任务描述：

　　1. 任务名称：商场建筑火灾事故初期处置与避险。
　　2. 任务目的：参见教材任务目标。
　　3. 概要描述：按照火灾情景卡片中的事故场景，每个小组进行火灾场景演练，按照卡片上面描述的商场建筑火灾事故场景完成火灾初期处置与避险等内容。将完成后的结果拍照，完成成果展示页内容，进行展示，派代表进行操作经验分享交流，依据评价表完成小组自评、小组互评和教师评价。

任务准备：

　　1. 提前分组。
　　2. 火灾现场布置：现场设置必要的设施或模拟道具(如灭火器、消火栓、空气呼吸器等)。
　　3. 笔、固体胶、剪刀和草稿纸若干。
　　4. 事故情景卡片。
　　5. 打印机、电脑等。

事故情景卡片

某大型商场三楼一库房发生火灾，触发了烟感探测器，探测器将报警信号传递到了消防控制室，通过商场一系列的应急操作，最终成功将事故处置。

处置过程能使用实物，如果没有，可以使用模拟道具替代。

114

模块 4 事故初期处置与避险

表 9-2（续）

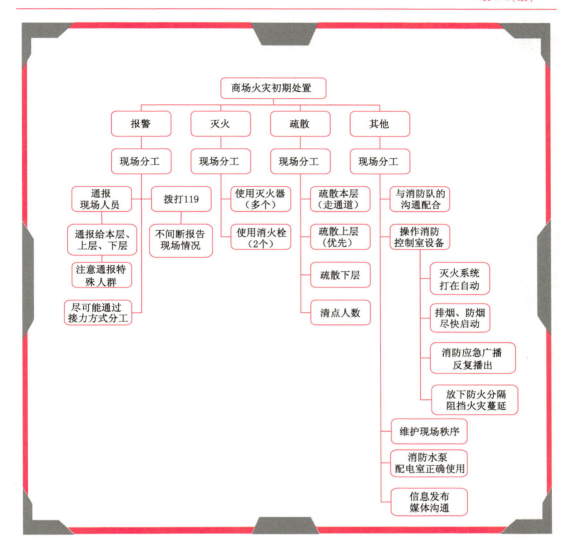

任务实施：

1. 小组组织认真阅读事故卡。
2. 小组依据事故情景卡片模拟布置事故场景。
3. 按照事故情景卡，对照火灾处置基本流程内容，进行小组分工，相互协作完成任务。
4. 将完成过程中的关键环节拍照留存。
5. 完成成果展示页内容，完成后放在指定位置展示。
6. 小组派代表进行经验分享。
7. 按照任务评价表完成小组自评、小组互评和教师评价。
8. 按照评价表规则确定各小组评价总分数。如果小组对评价成绩提出异议，教师进行成绩复核。
9. 冠军小组推出优秀组员 2 名，其他小组推出优秀组员 1 名，计入个人荣誉榜，教师留档。
10. 教师综合评价。

事故应急救援技术活页式任务训练教程

 成果展示

小组名称：_____

操作重要环节图片粘贴展示区：

小组心得：
_____
_____
_____
_____
_____
_____

小组自评：　　　　　　　　　　完成时间：
小组互评：　　　　　　　　　　小组成员：
教师评价：
　　　　　　　　　　　　　　　总　　评：_____

模块 4　事故初期处置与避险

📊 任务评价

任务评价标准

小组自评☐　小组互评☐　教师评价☐

序号	要素	分数	评价依据等级	得分
1	事故情景卡演练完成情况	60 分	1. 场景模拟真实全面(10 分) 　（优☐良☐中☐差☐） 2. 小组分工任务清楚明确(10 分) 　（优☐良☐中☐差☐） 3. 操作设备设施完成任务流程正确(10 分) 　（优☐良☐中☐差☐） 4. 操作设备设施完成任务方法正确(10 分) 　（优☐良☐中☐差☐） 5. 演练全面涵盖商场火灾训练流程图中的内容(10 分) 　（优☐良☐中☐差☐） 6. 演练过程流畅(10 分) 　（优☐良☐中☐差☐）	
2	小组分享交流	10 分	1. 交流内容正确全面(5 分) 　（优☐良☐中☐差☐） 2. 精神饱满、有感染力(5 分) 　（优☐良☐中☐差☐）	
3	小组心得	10 分	1. 能够发现自己小组的优缺点(5 分) 　（优☐良☐中☐差☐） 2. 能够发现其他小组的优缺点(5 分) 　（优☐良☐中☐差☐）	
4	临危不乱、尊重科学	10 分	1. 完成任务有条不紊,遇到问题冷静解决(5 分) 　（优☐良☐中☐差☐） 2. 能够依据具体场景条件科学地采取措施(5 分) 　（优☐良☐中☐差☐）	
5	团队意识、关爱生命	10 分	1. 相互协作、互帮互助(5 分) 　（优☐良☐中☐差☐） 2. 用语言安抚被困待救人员(5 分) 　（优☐良☐中☐差☐）	

备注:小组自评、小组互评、教师评价都要依据以上评价表完成后将分数写在卡片对应位置处。权重推荐比例：小组自评占 30%,小组互评占 30%,教师评价占 40%,最后以三者总分作为最终评价分数。

评价人：　　　　　　　　　　　　　　　　　　　　　　　　日期：　　年　　月　　日

117

事故应急救援技术活页式任务训练教程

巩固拓展

一、单选题

1. 商场室内消火栓给水系统应能满足每层(　　)支水枪充实水柱能同时到达室内任何部位的要求。

A. 1　　　　　　B. 2　　　　　　C. 3　　　　　　D. 4

2. 商场火灾报警电话是(　　)。

A. 120　　　　　B. 122　　　　　C. 119　　　　　D. 110

二、判断题

1. 只要消防控制室接到火灾手动报警信号,就可以确定火灾发生,立即启动灭火预案,组织现场灭火。 (　　)

2. 商场建筑空间高大,垂直蔓延途径多,易形成立体燃烧。 (　　)

三、拓展题

1. 列举一个商场火灾案例,分析其应急处置和避险逃生方法。

2. 什么是微型消防站?

收获及反馈

总体收获及反馈

项目10　危险化学品事故初期处置与避险

任务1　危险化学品泄漏事故初期处置与避险任务训练

危险化学品泄漏事故初期处置与避险任务训练见表10-1。

表 10-1　危险化学品泄漏事故初期处置与避险任务训练表

任务编号：		完成时间：	
训练地点：		小组成员：	

任务描述：
1. 任务名称：危险化学品泄漏事故初期处置与避险。
2. 任务目的：参见教材任务目标。
3. 概要描述：对学生进行分组，模拟一个厂区储罐泄漏事故场景，要求小组成员采用桌面演练的方式进行模拟处置，完成成果展示页内容，进行展示，依据评价表完成小组自评、小组互评和教师评价。

任务准备：
1. 提前分组。
2. 根据实际生产情况设置岗位，组员认领不同岗位角色。
3. 设置储罐泄漏事故情景。
4. 笔、草稿纸若干。

任务实施：
1. 介绍基本情况：授课教师介绍本次处置桌面推演的背景、特点、目的及参加人员基本情况。
2. 模拟事故现场：一个厂区储罐发生泄漏，泄漏物质为氯气，泄漏量未知。
3. 指导教师宣布推演开始。
4. 小组根据组员情况开始进行推演。
5. 桌面推演结束。
6. 完成成果展示页内容，完成后放在指定位置展示。
7. 按照任务评价表完成小组自评、小组互评和教师评价。
8. 按照评价表规则确定各小组评价总分数。如果小组对评价成绩提出异议，教师进行成绩复核。
9. 冠军小组推出优秀组员2名，其他小组推出优秀组员1名，计入个人荣誉榜，教师留档。
10. 教师综合评价。

事故应急救援技术活页式任务训练教程

 成果展示

小组名称：_____

情景设置：
_____
_____
_____
_____
_____

推演过程：
_____
_____
_____
_____
_____
_____

小组心得：
_____
_____
_____
_____
_____

小组自评：　　　　　　　　　　完成时间：
小组互评：　　　　　　　　　　小组成员：
教师评价：
　　　　　　　　　　　　　　　总　　评：_____

模块 4　事故初期处置与避险

任务评价

任务评价标准

小组自评☐　小组互评☐　教师评价☐

序号	要素	分数	评价依据等级	得分
1	情景设置	25 分	1. 情景符合实际(10 分) 　（优☐ 良☐ 中☐ 差☐） 2. 角色扮演得当(5 分) 　（优☐ 良☐ 中☐ 差☐） 3. 情景演变丰富(10 分) 　（优☐ 良☐ 中☐ 差☐）	
2	推演过程	30 分	1. 推演过程流畅(10 分) 　（优☐ 良☐ 中☐ 差☐） 2. 推演环节符合实际(10 分) 　（优☐ 良☐ 中☐ 差☐） 3. 推演后反思不足(10 分) 　（优☐ 良☐ 中☐ 差☐）	
3	小组心得	15 分	1. 能够发现自己小组的优缺点(7 分) 　（优☐ 良☐ 中☐ 差☐） 2. 能够发现其他小组的优缺点(8 分) 　（优☐ 良☐ 中☐ 差☐）	
4	勇敢坚强、 尊重科学	10 分	1. 完成任务有条不紊，勇于承担各项任务(5 分) 　（优☐ 良☐ 中☐ 差☐） 2. 能够依据具体场景条件科学地采取措施(5 分) 　（优☐ 良☐ 中☐ 差☐）	
5	团队意识、 严谨细致、 具体问题具体分析	20 分	1. 相互协作、互帮互助(5 分) 　（优☐ 良☐ 中☐ 差☐） 2. 细节描述较多(5 分) 　（优☐ 良☐ 中☐ 差☐） 3. 方法措施针对性强(10 分) 　（优☐ 良☐ 中☐ 差☐）	

备注：小组自评、小组互评、教师评价都要依据以上评价表完成后将分数写在卡片对应位置处。权重推荐比例：小组自评占 30%，小组互评占 30%，教师评价占 40%，最后以三者总分作为最终评价分数。

评价人：　　　　　　　　　　　　　　　　　　　　　　　　日期：　　年　　月　　日

121

巩固拓展

一、单选题

1. 按《化学品分类和危险性公示 通则》(GB 13690)将危险化学品分为(　　)大类。
A. 3　　　　　　　B. 4　　　　　　　C. 5　　　　　　　D. 6

2. 有毒气体泄漏,撤离时要弄清楚毒气的流向,向(　　)方向迅速撤离,不可顺着毒气流动的方向走。
A. 侧风或侧上风　　B. 侧风或下风　　C. 高处　　　　　D. 低处

二、判断题

1. 事故处置人员在处置事故的同时,应将伤员救出危险区域和组织现场其他人员撤离、疏散、消除现场的各种隐患。　　　　　　　　　　　　　　　　　　　　(　　)

2. 当发生危险化学品泄漏事故时,现场人员必须根据各自企业制订的事故预案采取积极有效的抑制措施,尽量减少事故蔓延,并向有关部门报告和报警。　　　(　　)

三、拓展题

1. 危险化学品泄漏事故处置过程中如何合理划分警戒区域?
2. 危险化学品泄漏事故处置过程中疏散现场无关作业人员时,应注意哪些事项?

 收获及反馈

总体收获及反馈

任务2　危险化学品火灾爆炸事故初期处置与避险任务训练

危险化学品火灾爆炸事故初期处置与避险任务训练见表10-2。

表10-2　危险化学品火灾爆炸事故初期处置与避险任务训练表

任务编号：		完成时间：	
训练地点：		小组成员：	

任务描述：

　　1. 任务名称：危险化学品火灾爆炸事故初期处置与避险。

　　2. 任务目的：参见教材任务目标。

　　3. 概要描述：对学生进行分组，模拟几种危险化学品火灾爆炸事故场景，要求小组成员针对不同的火灾提出具体的初期灭火措施，完成成果展示页内容，进行展示，依据评价表完成小组自评、小组互评和教师评价。

任务准备：

　　1. 提前分组。

　　2. 设置不同危险化学品火灾爆炸事故场景。

　　3. 笔、草稿纸若干。

任务实施：

　　1. 选取一小组设置危险化学品火灾爆炸事故场景。

　　2. 剩余组根据第一组设置的危险化学品火灾爆炸事故场景制定具体的灭火措施。

　　3. 依次循环，第二组设置危险化学品火灾爆炸事故场景，剩余组制定具体的灭火措施。

　　4. 完成成果展示页内容，完成后放在指定位置展示。

　　5. 按照任务评价表完成小组自评、小组互评和教师评价。

　　6. 按照评价表规则确定各小组评价总分数。如果小组对评价成绩提出异议，教师进行成绩复核。

　　7. 冠军小组推出优秀组员2名，其他小组推出优秀组员1名，计入个人荣誉榜，教师留档。

　　8. 教师综合评价。

小组名称：_____

情景设置：

灭火措施：

小组心得：

小组自评： 完成时间：
小组互评： 小组成员：
教师评价：
　　　　　　总　　评：_____

模块 4　事故初期处置与避险

任务评价

任务评价标准

小组自评□　小组互评□　教师评价□

序号	要素	分数	评价依据等级	得分
1	情景设置	20 分	1. 情景符合实际(10 分) 　（优□良□中□差□） 2. 情景设置丰富(10 分) 　（优□良□中□差□）	
2	灭火措施	35 分	1. 灭火剂选取得当(10 分) 　（优□良□中□差□） 2. 灭火措施操作性较强(15 分) 　（优□良□中□差□） 3. 灭火措施经济、环保(10 分) 　（优□良□中□差□）	
3	小组心得	15 分	1. 能够发现自己小组的优缺点(7 分) 　（优□良□中□差□） 2. 能够发现其他小组的优缺点(8 分) 　（优□良□中□差□）	
4	勇敢坚强、尊重科学	10 分	1. 完成任务有条不紊,勇于承担各项任务(5 分) 　（优□良□中□差□） 2. 能够依据具体场景条件科学地采取措施(5 分) 　（优□良□中□差□）	
5	团队意识、严谨细致、具体问题具体分析	20 分	1. 相互协作、互帮互助(5 分) 　（优□良□中□差□） 2. 细节描述较多(5 分) 　（优□良□中□差□） 3. 方法措施针对性强(10 分) 　（优□良□中□差□）	

备注：小组自评、小组互评、教师评价都要依据以上评价表完成后将分数写在卡片对应位置处。权重推荐比例：小组自评占 30％,小组互评占 30％,教师评价占 40％,最后以三者总分作为最终评价分数。

评价人：　　　　　　　　　　　　　　　　　　　　　　日期：　　年　　月　　日

巩固拓展

一、单选题

1. 易燃液体大多数都具有麻醉性和毒害性,灭火时应当站在(　　)和利用现场的掩体,穿戴必要的防护用具,采用正确的灭火方法。

　　A. 上风侧　　　　B. 下风侧　　　　C. 左下风侧　　　　D. 右下风侧

2. 下列用窒息灭火法处理无效的危险化学品是(　　)。

　　A. 苯磺酰肼　　　B. 金属镁　　　　C. 金属钠　　　　D. 硫黄

二、判断题

1. 所有危险化学品火灾爆炸事故现场人员必须进行灭火处置。　　　　　　　(　　)

2. 发现火灾后,第一目击者应迅速报警,报警要讲清楚起火部位、起火物质、火势大小、有无人员受伤等。　　　　　　　　　　　　　　　　　　　　　　　　　　(　　)

三、拓展题

1. 举出 3~5 个比较常见的气体类危险化学品物质。

2. 举出几个危险化学品火灾爆炸事故案例,并分析原因。

 收获及反馈

总体收获及反馈

模块 4　事故初期处置与避险

项目 11　矿井事故初期处置与避险

任务 1　矿井火灾事故初期处置与避险任务训练

矿井火灾事故初期处置与避险任务训练见表 11-1。

表 11-1　矿井火灾事故初期处置与避险任务训练表

任务编号：		完成时间：	
训练地点：		小组成员：	

任务描述：
　　1. 任务名称：矿井火灾事故初期处置与避险。
　　2. 任务目的：参见教材任务目标。
　　3. 概要描述：选用一些矿井通风系统图，在矿井通风系统图中拟定发生火灾地点，预设现场被困人员，进行火灾模拟处置训练。火灾地点可以设置在某个采煤工作面或掘进工作面。火灾初期处置流程和方法由小组写在成果展示页对应部分，避灾路线选择应标注在矿井通风系统图对应位置。最后将成果展示页和标记了避灾路线的矿井通风系统图在展示区展示。派代表进行经验分享交流，依据评价表完成小组自评、小组互评和教师评价。

任务准备：
　　1. 提前分组。
　　2. 准备 3～5 张矿井通风系统图（如右图），教师可以自行提供图纸，在图中标出发生事故地点、人员分布等信息。
　　3. 草稿纸、笔、电脑和打印机等。

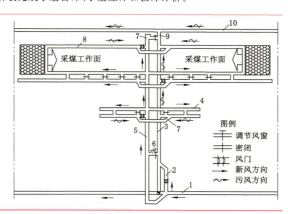

任务实施：
　　1. 小组派代表领取矿井通风系统图。
　　2. 按照矿井通风系统图具体巷道分布情况和通风构筑物情况填写火灾发生后的应急处置和避险方法要点，将方法要点填写在成果展示页中。
　　3. 在矿井通风系统图中标记撤退路线。
　　4. 完成后按照完成内容进行模拟现场演练，演练中重要图片可以拍照留存。
　　5. 演练完成后将成果展示页和矿井通风系统图放在指定位置展示。
　　6. 小组派代表进行经验分享。
　　7. 各小组结合具体情况填写小组心得。
　　8. 按照任务评价表完成小组自评、小组互评和教师评价。
　　9. 按照评价表规则确定各小组评价总分数。如果小组对评价成绩提出异议，教师进行成绩复核。
　　10. 冠军小组推出优秀组员 2 名，其他小组推出优秀组员 1 名，计入个人荣誉榜，教师留档。
　　11. 教师综合评价。

 成果展示

小组名称：_____

火灾应急处置要点：

避险逃生要点：

现场演练图片展示区：

小组心得：

小组自评：　　　　　　　　　完成时间：
小组互评：　　　　　　　　　小组成员：
教师评价：
　　　　　　　　　　　　　　总　　评：_____

模块 4　事故初期处置与避险

任务评价

任务评价标准

小组自评□　小组互评□　教师评价□

序号	要素	分数	评价依据等级	得分
1	火灾初期处置与避险模拟演练	60 分	1. 能够正确及时进行火灾报警,报警内容完善(10 分) （优□ 良□ 中□ 差□） 2. 采用正取方式通知周围人员(10 分) （优□ 良□ 中□ 差□） 3. 能够正确阐述初期火灾处置方法(10 分) （优□ 良□ 中□ 差□） 4. 能够充分利用巷道内灭火及避险设施和材料(10 分) （优□ 良□ 中□ 差□） 5. 能够有效建立起现场应急组织(10 分) （优□ 良□ 中□ 差□） 6. 能够正确确定避灾路线(10 分) （优□ 良□ 中□ 差□）	
2	小组分享交流	10 分	1. 交流内容正确全面(5 分) （优□ 良□ 中□ 差□） 2. 精神饱满、有感染力(5 分) （优□ 良□ 中□ 差□）	
3	小组心得	10 分	1. 能够发现自己小组的优缺点(5 分) （优□ 良□ 中□ 差□） 2. 能够发现其他小组的优缺点(5 分) （优□ 良□ 中□ 差□）	
4	临危不乱、尊重科学	10 分	1. 完成任务有条不紊,勇于承担各项任务(5 分) （优□ 良□ 中□ 差□） 2. 能够依据具体场景条件科学地采取措施(5 分) （优□ 良□ 中□ 差□）	
5	爱岗敬业、关爱他人	10 分	1. 充分体现自身角色职责(5 分) （优□ 良□ 中□ 差□） 2. 用语言安抚被困待救人员(5 分) （优□ 良□ 中□ 差□）	

备注：小组自评、小组互评、教师评价都要依据以上评价表完成后将分数写在卡片对应位置处。权重推荐比例：小组自评占 30％,小组互评占 30％,教师评价占 40％,最后以三者总分作为最终评价分数。

评价人：　　　　　　　　　　　　　　　　　　　　　　　　　　日期：　　年　　月　　日

巩固拓展

一、单选题

1. 矿井煤炭自燃属于（ ）。
 A. 地面火灾　　　B. 内因火灾　　　C. 外因火灾　　　D. C类火灾
2. 下列不可以扑灭带电体火灾的是（ ）。
 A. 泡沫灭火器　　B. 沙子　　　　　C. 干粉灭火器　　D. 土

二、判断题

1. 一旦发现矿井发生火灾，必须马上逃生。（ ）
2. 矿井火灾发生后，如果位于火灾下风向，应该选择最短距离撤到火灾上风侧，逆着风流逃生。（ ）

三、拓展题

1. 如果采煤工作面发生火灾，人员位于回风侧，如何应急与避险？
2. 火灾现场有哪些不利因素影响避险逃生？

收获及反馈

总体收获及反馈

任务 2　矿井水灾事故初期处置与避险任务训练

矿井水灾事故初期处置与避险任务训练见表 11-2。

表 11-2　矿井水灾事故初期处置与避险任务训练表

任务编号：		完成时间：	
训练地点：		小组成员：	

任务描述：
1. 任务名称：矿井水灾事故初期处置与避险。
2. 任务目的：参见教材任务目标。
3. 概要描述：选用一些矿井通风系统图，在矿井通风系统图中拟定发生水灾地点，预设现场被困人员，进行水灾模拟处置训练。水灾地点可以设置在某个采煤工作面或掘进工作面。水灾初期处置流程和方法由小组写在成果展示页对应部分，避灾路线选择应标注在矿井通风系统图对应位置。最后将成果展示页和标记了避灾路线的矿井通风系统图在展示区展示。派代表进行经验分享交流，依据评价表完成小组自评、小组互评和教师评价。

任务准备：
1. 提前分组。
2. 准备 3～5 个矿井通风系统图（如下图），教师可以自行提供图纸，在图中标出发生事故地点、人员分布等信息。
3. 草稿纸、笔、电脑和打印机等。

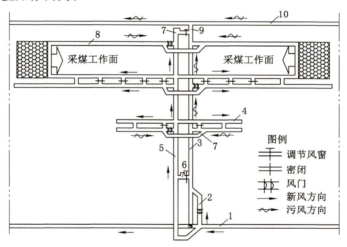

任务实施：
1. 小组派代表领取矿井通风系统图。
2. 按照矿井通风系统图具体巷道分布情况和通风构筑物情况填写水灾发生后的应急处置和避险方法要点，将方法要点填写在成果展示页中。
3. 在矿井通风系统图中标记撤退路线。
4. 按照完成内容进行模拟现场演练，演练中重要图片可以拍照留存。
5. 演练完成后将成果展示页和矿井通风系统图放在指定位置展示。
6. 小组派代表进行经验分享。
7. 各小组结合具体情况填写小组心得。
8. 按照任务评价表完成小组自评、小组互评和教师评价。
9. 按照评价表规则确定各小组评价总分数。如果小组对评价成绩提出异议，教师进行成绩复核。
10. 冠军小组推出优秀组员 2 名，其他小组推出优秀组员 1 名，计入个人荣誉榜，教师留档。
11. 教师综合评价。

小组名称：＿＿＿＿＿＿

水灾应急处置要点：

避险逃生要点：

现场演练图片展示区：

小组心得：

小组自评：　　　　　　　　　　　　完成时间：
小组互评：　　　　　　　　　　　　小组成员：
教师评价：

　　　　　　　　　　　　　　　　　总　　评：＿＿＿＿＿＿

模块 4　事故初期处置与避险

任务评价

任务评价标准

小组自评□　小组互评□　教师评价□

序号	要素	分数	评价依据等级	得分
1	水灾初期处置与避险模拟演练	60 分	1. 能够正确及时进行水灾报警,报警内容完善(10 分) 　（优□良□中□差□） 2. 采用正确方式通知周围人员(10 分) 　（优□良□中□差□） 3. 能够正确阐述水灾初期处置方法(10 分) 　（优□良□中□差□） 4. 能够充分利用巷道内避险设施和材料(10 分) 　（优□良□中□差□） 5. 能够有效建立起现场应急组织(10 分) 　（优□良□中□差□） 6. 能够正确确定避灾路线(10 分) 　（优□良□中□差□）	
2	小组分享交流	10 分	1. 交流内容正确全面(5 分) 　（优□良□中□差□） 2. 精神饱满、有感染力(5 分) 　（优□良□中□差□）	
3	小组心得	10 分	1. 能够发现自己小组的优缺点(5 分) 　（优□良□中□差□） 2. 能够发现其他小组的优缺点(5 分) 　（优□良□中□差□）	
4	临危不乱、尊重科学	10 分	1. 完成任务有条不紊,勇于承担各项任务(5 分) 　（优□良□中□差□） 2. 能够依据具体场景条件科学地采取措施(5 分) 　（优□良□中□差□）	
5	爱岗敬业、关爱他人	10 分	1. 充分体现自身角色职责(5 分) 　（优□良□中□差□） 2. 用语言安抚被困待救人员(5 分) 　（优□良□中□差□）	

备注:小组自评、小组互评、教师评价都要依据以上评价表完成后将分数写在卡片对应位置处。权重推荐比例:小组自评占 30%,小组互评占 30%,教师评价占 40%,最后以三者总分作为最终评价分数。

评价人:　　　　　　　　　　　　　　　　　　　　　　　　　日期:　　年　　月　　日

巩固拓展

一、单选题

1. 不属于矿井水灾来源的是（　　）。
 A. 大气降水　　　　B. 地下水　　　　C. 老空水　　　　D. 消防水池水
2. 矿井涌水后应该选择向逃生点（　　）逃生。
 A. 标高低的方向　　B. 标高高的方向　　C. 下风侧　　　　D. 上风侧

二、判断题

1. 一旦矿井发生透水事故，要充分利用游泳优势潜水逃生。（　　）
2. 掘进中的上山下口若被水淹没，可以在独头上山暂时避险。（　　）

三、拓展题

1. 水灾事故发生后，水头位置有哪些危险？
2. 不同水源的透水事故各有哪些特点？

收获及反馈

总体收获及反馈

模块5

事故抢险救援

模块 5 事故抢险救援

项目 12 建筑火灾事故抢险救援

任务 1 高层建筑火灾事故抢险救援任务训练

高层建筑火灾事故抢险救援任务训练见表 12-1。

表 12-1 高层建筑火灾事故抢险救援任务训练表

任务编号：		完成时间：	
训练地点：		小组成员：	

任务描述：

1. 任务名称：高层建筑火灾事故抢险救援。
2. 任务目的：参见教材任务目标。
3. 概要描述：对学生进行分组，充分依靠导航地图功能，假想一高层建筑发生火灾(假定世茂维拉三号楼发生火灾，如右图所示)，模拟消防队伍如何出动、如何进行火灾抢险救援，可以使用导航功能确定建筑周边环境，网上搜索该建筑的基本情况，通过桌面推演模拟消防队员进行抢险救援的过程，完成成果展示页对应内容，派代表进行经验分享交流，依据评价表完成小组自评、小组互评和教师评价。

任务准备：

1. 提前分组。
2. 准备若干场景图，教师可以自行提供图纸，在图中标出事故发生地点、救援队伍位置、人员分布等信息。
3. 草稿纸、笔、电脑和打印机等。

任务实施：

1. 小组通过导航地图拟定起火建筑，提请指导教师确认。
2. 小组搜索该建筑的基本建设情况，假定建筑的起火地点和火势发展情况。
3. 指导教师宣布推演开始。
4. 小组根据自身情况开始桌面推演。
5. 桌面推演结束，小组填写成果展示页对应内容，在展示区展示。
6. 小组派代表进行经验分享。
7. 各小组结合具体情况填写小组心得。
8. 按照任务评价表完成小组自评、小组互评和教师评价。
9. 按照评价表规则确定各小组评价总分数。如果小组对评价成绩提出异议，教师进行成绩复核。
10. 冠军小组推出优秀组员 2 名，其他小组推出优秀组员 1 名，计入个人荣誉榜，教师留档。
11. 教师综合评价。

事故应急救援技术活页式任务训练教程

 成果展示

小组名称：_____

情景设置：

推演过程：

小组心得：

小组自评：　　　　　　　　　　　　完成时间：
小组互评：　　　　　　　　　　　　小组成员：
教师评价：

　　　　　　　　　　　　　　　　　总　　评：_____

模块 5　事故抢险救援

任务评价

任务评价标准

小组自评☐　小组互评☐　教师评价☐

序号	要素	分数	评价依据等级	得分
1	情景设置	35 分	1. 情景符合实际(10 分) 　（优☐ 良☐ 中☐ 差☐） 2. 角色设置得当(10 分) 　（优☐ 良☐ 中☐ 差☐） 3. 情景演练丰富(15 分) 　（优☐ 良☐ 中☐ 差☐）	
2	推演过程	30 分	1. 推演过程流畅(10 分) 　（优☐ 良☐ 中☐ 差☐） 2. 推演环节符合实际(10 分) 　（优☐ 良☐ 中☐ 差☐） 3. 推演技术方法得当(10 分) 　（优☐ 良☐ 中☐ 差☐）	
3	小组心得	15 分	1. 能够发现自己小组的优缺点(7 分) 　（优☐ 良☐ 中☐ 差☐） 2. 能够发现其他小组的优缺点(8 分) 　（优☐ 良☐ 中☐ 差☐）	
4	临危不乱、技术报国	10 分	1. 完成任务有条不紊,勇于承担各项任务(2 分) 　（优☐ 良☐ 中☐ 差☐） 2. 演练中能够展现各项技术操作(3 分) 　（优☐ 良☐ 中☐ 差☐） 3. 体现爱国爱民情感(5 分) 　（优☐ 良☐ 中☐ 差☐）	
5	纪律性、坚强意志	10 分	1. 能够服从安排,按照规则完成(5 分) 　（优☐ 良☐ 中☐ 差☐） 2. 能够按照要求完成演练,完成角色赋予的任务(5 分) 　（优☐ 良☐ 中☐ 差☐）	

备注：小组自评、小组互评、教师评价都要依据以上评价表完成后将分数写在卡片对应位置处。权重推荐比例：小组自评占 30％,小组互评占 30％,教师评价占 40％,最后以三者总分作为最终评价分数。

评价人：　　　　　　　　　　　　　　　　　　　　　　　　　日期：　　年　　月　　日

巩固拓展

一、单选题

1. 高层建筑疏散受火势威胁人员的基本顺序是（　　）。
   A. 着火层→着火层上层→着火层再上层和着火层下层→其他楼层
   B. 着火层上层→着火层→着火层再上层和着火层下层→其他楼层
   C. 着火层上层→着火层再上层和着火层下层→着火层→其他楼层
   D. 其他楼层→着火层上层→着火层再上层和着火层下层→着火层
2. 下列属于消防员外部灭火进攻途径的是（　　）。
   A. 利用直升机　　B. 利用封闭楼梯间　　C. 利用防烟楼梯间　　D. 利用消防电梯

二、判断题

1. 在消防队员灭火时，当一个楼层内大面积燃烧、火势处于发展阶段时，要重点采取堵截和设防措施。（　　）
2. 防烟楼梯、封闭楼梯是火灾情况下人员疏散的主要途径。（　　）

三、拓展题

1. 高层建筑火灾用到的主要装备设施有哪些？
2. 近些年来发生的高层建筑火灾有哪些？举出3～5例。

 收获及反馈

总体收获及反馈

任务 2　商场建筑火灾事故抢险救援任务训练

商场建筑火灾事故抢险救援任务训练见表 12-2。

表 12-2　商场建筑火灾事故抢险救援任务训练表

任务编号：		完成时间：	
训练地点：		小组成员：	

任务描述：

1. 任务名称：商场建筑火灾事故抢险救援。
2. 任务目的：参见教材任务目标。
3. 概要描述：对学生进行分组，充分依靠导航地图功能，假想一商场建筑发生火灾（假定新世纪百货三楼发生火灾，如下图所示），模拟消防队伍如何出动、如何进行火灾抢险救援，可以使用导航功能确定建筑周边环境，网上搜索该建筑的基本情况，通过桌面推演模拟消防队员进行抢险救援的过程，完成成果展示页对应内容，派代表进行经验分享交流，依据评价表完成小组自评、小组互评和教师评价。

任务准备：

1. 提前分组。
2. 准备好桌面演练图纸，在图纸中拟定着火建筑。
3. 草稿纸、笔、电脑和打印机等。

任务实施：

1. 小组通过导航地图拟定起火建筑，提请指导教师确认。
2. 小组完善搜索该建筑的基本建设情况，假定建筑的起火地点和火势发展情况。
3. 指导教师宣布推演开始。
4. 小组根据自身情况开始桌面推演。
5. 桌面推演结束，小组填写成果展示页对应内容，在展示区展示。
6. 小组派代表进行经验分享。
7. 各小组结合具体情况填写小组心得。
8. 按照任务评价表完成小组自评、小组互评和教师评价。
9. 按照评价表规则确定各小组评价总分数。如果小组对评价成绩提出异议，教师进行成绩复核。
10. 冠军小组推出优秀组员 2 名，其他小组推出优秀组员 1 名，计入个人荣誉榜，教师留档。
11. 教师综合评价。

 成果展示

小组名称：_____

情景设置：
_____
_____
_____
_____
_____

推演过程：
_____
_____
_____
_____
_____
_____

小组心得：
_____
_____
_____
_____
_____

小组自评：　　　　　　　　　　　完成时间：
小组互评：　　　　　　　　　　　小组成员：
教师评价：
　　　　　　　　　　　　　　　　总　　评：_____

模块 5　事故抢险救援

任务评价

任务评价标准

小组自评☐　小组互评☐　教师评价☐

序号	要素	分数	评价依据等级	得分
1	情景设置	35 分	1. 情景符合实际（10 分） 　（优☐良☐中☐差☐） 2. 角色设置得当（10 分） 　（优☐良☐中☐差☐） 3. 情景演练丰富（15 分） 　（优☐良☐中☐差☐）	
2	推演过程	30 分	1. 推演过程流畅（10 分） 　（优☐良☐中☐差☐） 2. 推演环节符合实际（10 分） 　（优☐良☐中☐差☐） 3. 推演技术方法得当（10 分） 　（优☐良☐中☐差☐）	
3	小组心得	15 分	1. 能够发现自己小组的优缺点（7 分） 　（优☐良☐中☐差☐） 2. 能够发现其他小组的优缺点（8 分） 　（优☐良☐中☐差☐）	
4	临危不乱、技术报国	10 分	1. 完成任务有条不紊，勇于承担各项任务（3 分） 　（优☐良☐中☐差☐） 2. 演练中能够展现各项技术操作（2 分） 　（优☐良☐中☐差☐） 3. 体现爱国爱民情感（5 分） 　（优☐良☐中☐差☐）	
5	纪律性、坚强意志	10 分	1. 能够服从安排，按照规则完成（5 分） 　（优☐良☐中☐差☐） 2. 能够按照要求完成演练，完成角色赋予的任务（5 分） 　（优☐良☐中☐差☐）	

备注：小组自评、小组互评、教师评价都要依据以上评价表完成后将分数写在卡片对应位置处。权重推荐比例：小组自评占 30％，小组互评占 30％，教师评价占 40％，最后以三者总分作为最终评价分数。

评价人：　　　　　　　　　　　　　　　　　　　　日期：　　年　　月　　日

巩固拓展

一、单选题

1. 下列不属于商场火灾抢险救援特点的是（　　）。
 A. 战斗展开受限　　　　B. 救人任务艰巨
 C. 内攻作战困难　　　　D. 容易发生危险化学品爆炸事故
2. 下列关于商场火灾抢险救援说法错误的是（　　）。
 A. 要坚持灭疏结合救援措施
 B. 着火层是灭火力量部署的重点
 C. 火灾初期，应及时启动固定排烟设施，以提高火场能见度，为人员疏散和自救等行动创造有利条件
 D. 商场火灾外攻时，主要借助室内消火栓扑救

二、判断题

1. 全力扑灭火灾后才能疏散救人。（　　）
2. 大型超市的自选货架不仅配置的商品多，而且高度大，灭火进攻中要防止货架因烧损或强水流冲击而倒塌伤人。（　　）

三、拓展题

1. 简述消防总队、支队和消防大队的关系。
2. 列举 2~3 个你熟悉的大型商场，分析其结构特点。

收获及反馈

总体收获及反馈

项目 13　危险化学品事故抢险救援

任务 1　危险化学品泄漏事故抢险救援任务训练

危险化学品泄漏事故抢险救援任务训练见表 13-1。

表 13-1　危险化学品泄漏事故抢险救援任务训练表

任务编号：		完成时间：	
训练地点：		小组成员：	

任务描述：
1. 任务名称：危险化学品泄漏事故抢险救援。
2. 任务目的：参见教材任务目标。
3. 概要描述：对学生进行分组，模拟危险化学品泄漏事故场景，要求小组成员采用桌面演练的方式进行模拟抢险救援，完成成果展示页内容，进行展示，依据评价表完成小组自评、小组互评和教师评价。

任务准备：
1. 提前分组。
2. 根据实际生产情况设置岗位，组员认领不同岗位角色。
3. 设置危险化学品泄漏事故情景。
4. 笔、草稿纸若干。

任务实施：
1. 介绍基本情况：授课教师介绍本次桌面推演的背景、特点、目的及参加人员基本情况。
2. 模拟事故现场：一运输甲烷车辆在收费站入口发生泄漏，周边有数栋居民楼，泄漏量较大，影响范围广。
3. 指导教师宣布推演开始。
4. 小组根据组员情况开始进行推演。
5. 桌面推演结束。
6. 完成成果展示页相关内容，完成小组自评、小组互评和教师评价。
7. 按照评价表规则确定各小组评价总分数。如果小组对评价成绩提出异议，教师进行成绩复核。
8. 冠军小组推出优秀组员 2 名，其他小组推出优秀组员 1 名，计入个人荣誉榜，教师留档。
9. 教师综合评价。

小组名称：_____

情景设置：

推演过程：

小组心得：

小组自评：
小组互评：
教师评价：

完成时间：
小组成员：

总　　评：_____

模块 5　事故抢险救援

任务评价

任务评价标准

小组自评□　　小组互评□　　教师评价□

序号	要素	分数	评价依据等级	得分
1	情景设置	35 分	1. 情景符合实际(10 分)　(优□良□中□差□) 2. 角色扮演得当(10 分)　(优□良□中□差□) 3. 情景演练丰富(15 分)　(优□良□中□差□)	
2	推演过程	30 分	1. 推演过程流畅(10 分)　(优□良□中□差□) 2. 推演环节符合实际(10 分)　(优□良□中□差□) 3. 推演后反思不足(10 分)　(优□良□中□差□)	
3	小组心得	15 分	1. 能够发现自己小组的优缺点(7 分)　(优□良□中□差□) 2. 能够发现其他小组的优缺点(8 分)　(优□良□中□差□)	
4	规范操作、科学救援	10 分	1. 操作描述符合相关标准规范(5 分)　(优□良□中□差□) 2. 救援模拟尊重科学,具有可行性(5 分)　(优□良□中□差□)	
5	家国情怀、重技强能	10 分	1. 体现对消防事业的热爱和保护人民生命的努力(5 分)　(优□良□中□差□) 2. 演练中充分体现技术操作,强调技术重要性(5 分)　(优□良□中□差□)	

备注：小组自评、小组互评、教师评价都要依据以上评价表完成后将分数写在卡片对应位置处。权重推荐比例：小组自评占 30%,小组互评占 30%,教师评价占 40%,最后以三者总分作为最终评价分数。

评价人：　　　　　　　　　　　　　　　　　　　　　　　　　日期：　　年　　月　　日

147

事故应急救援技术活页式任务训练教程

巩固拓展

一、单选题

1. 下列不能作为燃料的气体是（　　　）。
   A. 液化石油气　　　　B. 氢气　　　　C. 天然气　　　　D. 氯气

2. 消防队员根据侦察情况确定警戒范围,并划分重危区、轻危区、(　　　),设置警戒标志和出入口。
   A. 一般区　　　　B. 救援区　　　　C. 疏散区　　　　D. 安全区

二、判断题

1. 石油气主要成分为丙烷、丙烯、丁烷、丁烯等,易与空气形成爆炸性混合物。（　　　）
2. 氯气为黄绿色有刺激性气味的气体,气态相对密度比空气轻。（　　　）

三、拓展题

1. 易燃可燃液体泄漏抢险救援与气体泄漏有何不同?
2. 有哪些常见的气体泄漏事故?

收获及反馈

总体收获及反馈

148

模块 5　事故抢险救援

任务 2　危险化学品火灾爆炸事故抢险救援任务训练

危险化学品火灾爆炸事故抢险救援任务训练见表 13-2。

表 13-2　危险化学品火灾爆炸事故抢险救援任务训练表

任务编号：		完成时间：	
训练地点：		小组成员：	

任务描述：
1. 任务名称：危险化学品火灾爆炸事故抢险救援。
2. 任务目的：参见教材任务目标。
3. 概要描述：对学生进行分组，模拟几种危险化学品火灾爆炸事故场景，要求小组成员针对不同的火灾拟订抢险救援方案，明确抢险救援流程。完成成果展示页内容，进行展示，依据评价表完成小组自评、小组互评和教师评价。

任务准备：
1. 提前分组。
2. 设置不同危险化学品火灾爆炸事故场景。
3. 笔、草稿纸若干。

任务实施：
1. 其中一组设置危险化学品火灾爆炸事故场景。
2. 剩余组根据第一组设置的危险化学品火灾爆炸事故场景制订抢险救援方案。
3. 依次循环，第二组设置危险化学品火灾爆炸事故场景，剩余组制订抢险救援方案。
4. 完成成果展示页相关内容，完成小组自评、小组互评和教师评价。
5. 按照评价表规则确定各小组评价总分数。如果小组对评价成绩提出异议，教师进行成绩复核。
6. 冠军小组推出优秀组员 2 名，其他小组推出优秀组员 1 名，计入个人荣誉榜，教师留档。
7. 教师综合评价。

149

 成果展示

小组名称：＿＿＿＿＿

情景设置：

推演过程：

小组心得：

小组自评：　　　　　　　　　　　　完成时间：
小组互评：　　　　　　　　　　　　小组成员：
教师评价：

　　　　　　　　　　　　　　　　　总　　评：＿＿＿＿＿

模块 5　事故抢险救援

任务评价

任务评价标准

小组自评□　小组互评□　教师评价□

序号	要素	分数	评价依据等级	得分
1	情景设置	20 分	1. 情景符合实际(10 分) （优□良□中□差□） 2. 情景设置丰富(10 分) （优□良□中□差□）	
2	抢险救援方案	45 分	1. 抢险方案科学可行(15 分) （优□良□中□差□） 2. 救援措施操作性强(15 分) （优□良□中□差□） 3. 抢险救援方案经济、环保(15 分) （优□良□中□差□）	
3	小组心得	15 分	1. 能够发现自己小组的优缺点(7 分) （优□良□中□差□） 2. 能够发现其他小组的优缺点(8 分) （优□良□中□差□）	
4	规范操作、科学救援	10 分	1. 操作描述符合相关标准规范(5 分) （优□良□中□差□） 2. 救援模拟尊重科学,具有可行性(5 分) （优□良□中□差□）	
5	家国情怀、重技强能	10 分	1. 体现对消防事业的热爱和保护人民生命的努力(5 分) （优□良□中□差□） 2. 演练中充分体现技术操作,强调技术重要性(5 分) （优□良□中□差□）	

备注:小组自评、小组互评、教师评价都要依据以上评价表完成后将分数写在卡片对应位置处。权重推荐比例:小组自评占 30%,小组互评占 30%,教师评价占 40%,最后以三者总分作为最终评价分数。

评价人：　　　　　　　　　　　　　　　　　　　　　　　　　日期：　　年　　月　　日

巩固拓展

一、单选题

1. 下列哪种液体属于遇湿易燃物品？（　　）
A. 铁　　　　B. 钠　　　　C. 猛　　　　D. 铝
2. 下列不属于比水轻又不溶于水的液体的是（　　）。
A. 苯　　　　B. 汽油　　　C. 柴油　　　D. 二硫化碳

二、判断题

1. 比水重而不溶于水的液体，如二硫化碳、萘、蒽等着火时，可用水扑救，但覆盖在液体表面的水层必须有一定厚度，这样方能压住火焰。（　　）
2. 扑救遇湿易燃物品火灾时，禁止用水、泡沫、酸碱灭火器等湿性灭火剂扑救。（　　）

三、拓展题

1. 举例说明危险化学品火灾爆炸事故处置流程。
2. 在危险化学品火灾爆炸事故抢险救援中，除了消防救援队伍，还有哪些政府相关部门需要参与其中？

总体收获及反馈

项目14　矿井事故抢险救援

任务1　矿井火灾事故抢险救援任务训练

矿井火灾事故抢险救援任务训练见表14-1。

表14-1　矿井火灾事故抢险救援任务训练表

任务编号：		完成时间：	
训练地点：		小组成员：	

任务描述：

1. 任务名称：矿井火灾事故抢险救援。
2. 任务目的：参见教材任务目标。
3. 概要描述：对学生按照矿山救护队形式进行分组，学生领取救援行动计划表，完成闻警出动→救援准备→灾区侦察→灾害处置等任务。教师可以参考下图提供不同的矿图。完成后将救援计划表和成果展示相关内容在展示区进行展示，派代表进行经验分享，完成小组心得，最后依据评价表完成小组自评、小组互评和教师评价。

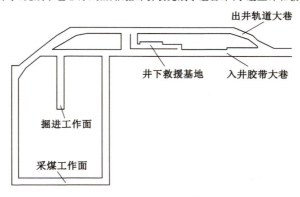

任务准备：

1. 提前分组。
2. 教师准备好训练图纸，并标记对应名称。
3. 提前布置模拟巷道。
4. 制作事故场景描述内容卡片。
5. 处理火灾事故需要的各种救援器材。如果没有实物，可以使用模拟物品代替。
6. 草稿纸、笔、电脑和打印机等。

表 14-1(续)

矿井灾害应急救援技术行动计划表

1. 队伍代码：　　　　　　　　　　任务名称：
   事故性质：　　　　　　　　　　事故地点：
   伤亡人数：　　　　　　　　　　完成任务小队人数：
2. 井下救援基地位置：
3. 事故概述：

   > 20××年×月×日×时×分,在位于×市×区的×矿回风大巷 1 100 m 处发生火灾事故,截至目前,有×名工作人员未能及时升井,情况不明。

4. 救援战斗行动计划：

任务分工	
井下基地	
侦察路线	

5. 计划工作时间：

任务实施：
1. 学生按照准备好的训练图纸,首先完成闻警出动内容,填写救援计划表,向指挥员汇报工作。
2. 仪器的检查和准备,包括氧气呼吸器的自检、互检等各种需要设备的检查。
3. 按照正确行进方式进行灾区侦察。
4. 发现遇险人员后迅速采用担架搬运法将伤员搬回井下基地。
5. 使用灭火器材扑灭火灾。
6. 完成任务归还仪器设备。
7. 完成成果展示页相关内容,完成小组自评、小组互评和教师评价。
8. 按照评价表规则确定各小组评价总分数。如果小组对评价成绩提出异议,教师进行成绩复核。
9. 冠军小组推出优秀组员 2 名,其他小组推出优秀组员 1 名,计入个人荣誉榜,教师留档。
10. 教师综合评价。

模块 5　事故抢险救援

 成果展示

小组名称：_____

救援行动计划表粘贴：

关键环节照片粘贴：

小组心得：

小组自评：　　　　　　　　完成时间：
小组互评：　　　　　　　　小组成员：
教师评价：
　　　　　　　　　　　　　总　　评：_____

155

任务评价

任务评价标准

小组自评☐　小组互评☐　教师评价☐

序号	要素	分数	评价依据等级	得分
1	救援行动计划表	10 分	1. 内容完整(2分) （优☐ 良☐ 中☐ 差☐） 2. 任务分工合理(3分) （优☐ 良☐ 中☐ 差☐） 3. 救援路线科学合理(2分) （优☐ 良☐ 中☐ 差☐） 4. 井下基地设置正确(3分) （优☐ 良☐ 中☐ 差☐）	
2	救援过程	40 分	1. 闻警出动(5分) （优☐ 良☐ 中☐ 差☐） 2. 仪器准备(10分) （优☐ 良☐ 中☐ 差☐） 3. 灾区侦察(5分) （优☐ 良☐ 中☐ 差☐） 4. 人员转移(10分) （优☐ 良☐ 中☐ 差☐） 5. 火灾扑救(10分) （优☐ 良☐ 中☐ 差☐）	
3	小组分享交流	10 分	1. 交流内容正确全面(5分) （优☐ 良☐ 中☐ 差☐） 2. 精神饱满、有感染力(5分) （优☐ 良☐ 中☐ 差☐）	
4	小组心得	15 分	1. 能够发现自己小组的优缺点(7分) （优☐ 良☐ 中☐ 差☐） 2. 能够发现其他小组的优缺点(8分) （优☐ 良☐ 中☐ 差☐）	
5	团队精神、纪律性、规范作业	15 分	1. 团队密切配合、互帮互助(5分) （优☐ 良☐ 中☐ 差☐） 2. 遵守纪律、服从安排(5分) （优☐ 良☐ 中☐ 差☐） 3. 作业过程符合相关标准规范(5分) （优☐ 良☐ 中☐ 差☐）	
6	爱国爱民、敬业奉献	10 分	1. 用语言等关爱被困人员(5分) （优☐ 良☐ 中☐ 差☐） 2. 小组成员愿意承担更多责任,认真完成各项任务(5分) （优☐ 良☐ 中☐ 差☐）	

备注:小组自评、小组互评、教师评价都要依据以上评价表完成后将分数写在卡片对应位置处。权重推荐比例:小组自评占30%,小组互评占30%,教师评价占40%,最后以三者总分作为最终评价分数。

评价人：　　　　　　　　　　　　　　　　　　　　　　　日期：　　年　　月　　日

模块5 事故抢险救援

巩固拓展

一、单选题

1. 矿山救护队进入灾区侦察,小队成员不得少于(　　)人。
A. 4　　　　B. 6　　　　C. 7　　　　D. 8

2. 检测甲烷时,检测仪位置高于(　　)。
A. 头部　　　B. 腰部　　　C. 膝部　　　D. 脚部

二、判断题

1. 矿井火灾事故发生后必须立即封闭火区。（　　）
2. 救护队在进行救援过程中,救护队指挥员应当随时注意风量、风向的动态变化,判断是否出现风流逆转、逆退和滚退等风流紊乱,并采取相应防护措施。（　　）

三、拓展题

1. 均压灭火法的原理是什么?
2. 目前有哪些矿井灾区快速密闭技术?

收获及反馈

总体收获及反馈

任务 2　矿井水灾事故抢险救援任务训练

矿井水灾事故抢险救援任务训练见表 14-2。

表 14-2　矿井水灾事故抢险救援任务训练表

任务编号：		完成时间：	
训练地点：		小组成员：	

任务描述：

1. 任务名称：矿井水灾事故抢险救援。
2. 任务目的：参见教材任务目标。
3. 概要描述：对学生按照矿山救护队形式进行分组，学生领取救援行动计划表，完成闻警出动→救援准备→灾区侦察→灾害处置等任务。教师可以参考下图提供不同的矿图。完成后将救援计划表和成果展示相关内容在展示区进行展示，派代表进行经验分享，完成小组心得，最后依据评价表完成小组自评、小组互评和教师评价。

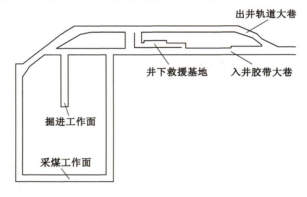

任务准备：

1. 提前分组。
2. 教师准备好训练图纸，并标记对应名称。
3. 提前布置模拟巷道。
4. 制作事故场景描述内容卡片。
5. 处理水灾事故需要的各种救援器材。如果没有实物，可以使用模拟物品代替。
6. 草稿纸、笔、电脑和打印机等。

模块 5　事故抢险救援

表 14-2(续)

矿井灾害应急救援技术行动计划表

1. 队伍代码：　　　　　　　　　　　任务名称：

　　事故性质：　　　　　　　　　　　事故地点：

　　伤亡人数：　　　　　　　　　　　完成任务小队人数：

2. 井下救援基地位置：

3. 事故概述：

　　　20××年×月×日×时×分,在位于×市×区的×矿回风大巷 1 100 m 处发生水灾事故,截至目前,有×名工作人员未能及时升井,情况不明。

4. 救援战斗行动计划:

任务分工	
井下基地	
侦察路线	

5. 计划工作时间:

接电排水打分表

　　1. 操作规范要求

　　(1) 打开磁力启动器上接线箱盖前应检测瓦斯含量,并由操作队员口述"瓦斯浓度 1%以下、顶板及周围环境良好,可以操作电气设备"。

　　(2) 停止并闭锁磁力启动器手把,停止并闭锁分路馈电开关,并悬挂"有人工作,禁止合闸"标牌。

　　(3) 用验电笔及放电线缆对接线腔接线柱进行验电和放电,并在指定位置剁电缆、放工具。

　　(4) 检查兆欧表是否良好(表笔开路、短路试验),使用兆欧表检查电缆绝缘(摇测电缆一相芯线对地间的绝缘电阻),并进行放电。

　　(5) 电缆、垫片及压线板安装顺序正确,安装尺寸及位置符合《煤矿安全规程》有关规定。

　　2. 引入装置及接线符合相关规范要求

　　(1) 引入装置:① 电缆紧固、进线嘴压紧但不斜(≤5%),即不得将进线嘴紧至极限位置、螺栓外露扣数大致相同,进线嘴压紧后不晃动;② 电缆压线板紧固,压紧后的压扁量不得超过电缆直径的 10%,即电缆压线板处上下各垫两层电缆皮,将螺栓拧紧且外露扣大致相同,同时压板不能相互接触;③ 密封圈外径与进线装置内径间隙不大于 1.5 mm,内径与电缆外径差小于 1 mm。

　　(2) 接线工艺:① 各相导线裸露长度小于 10 mm;② 接线余头长度在 1～10 mm 范围内;③ 任一项绝缘不触及其他相导体线;④ 每一芯前段线头整齐,须绑扎,切线口线丝无长短不一现象,不压胶皮、薄膜,无毛刺;⑤ 芯线拉紧后地线仍有 10 mm 余量;⑥ 弧度适中,三相线不交叉布线;⑦ 接线柱弹簧垫压平;⑧ 腔内洁净无异物,隔爆面要涂防锈油,且隔爆间隙符合要求,密封良好;⑨ 完成后,抽电缆检查其胶圈有无损伤。

　　每出现 1 次不规范或错误扣 0.5 分,扣完为止。

任务实施:

1. 学生按照准备好的训练图纸,首先完成闻警出动内容,填写救援计划表,向指挥员汇报工作。

2. 仪器的检查和准备,包括氧气呼吸器的自检、互检等各种需要设备的检查。

3. 按照正确行进方式进行灾区侦察。

4. 发现透水区进行接电排水操作。

5. 完成任务归还仪器设备。

6. 小组派代表进行经验分享。

7. 完成成果展示页相关内容,完成小组自评、小组互评和教师评价。

8. 按照评价表规则确定各小组评价总分数。如果小组对评价成绩提出异议,教师进行成绩复核。

9. 冠军小组推出优秀组员 2 名,其他小组推出优秀组员 1 名,计入个人荣誉榜,教师留档。

10. 教师综合评价。

159

成果展示

小组名称：_____

救援行动计划表：

关键环节照片粘贴：

小组心得：

小组自评：
小组互评：
教师评价：

完成时间：
小组成员：

总　　评：_____

模块 5　事故抢险救援

任务评价

任务评价标准

小组自评☐　小组互评☐　教师评价☐

序号	要素	分数	评价依据等级	得分
1	救援行动计划表	10 分	1. 内容完整(2 分) 　（优☐良☐中☐差☐） 2. 任务分工合理(3 分) 　（优☐良☐中☐差☐） 3. 救援路线科学合理(2 分) 　（优☐良☐中☐差☐） 4. 井下基地设置正确(3 分) 　（优☐良☐中☐差☐）	
2	救援过程	45 分	1. 闻警出动(5 分) 　（优☐良☐中☐差☐） 2. 仪器准备(5 分) 　（优☐良☐中☐差☐） 3. 灾区侦察(5 分) 　（优☐良☐中☐差☐） 4. 接电排水按照打分表打分(30 分) 　（优☐良☐中☐差☐）	
3	小组分享交流	10 分	1. 交流内容正确全面(5 分) 　（优☐良☐中☐差☐） 2. 精神饱满、有感染力(5 分) 　（优☐良☐中☐差☐）	
4	小组心得	15 分	1. 能够发现自己小组的优缺点(7 分) 　（优☐良☐中☐差☐） 2. 能够发现其他小组的优缺点(8 分) 　（优☐良☐中☐差☐）	
5	团队精神、纪律性、规范作业	10 分	1. 团队密切配合、互帮互助(3 分) 　（优☐良☐中☐差☐） 2. 遵守纪律、服从安排(2 分) 　（优☐良☐中☐差☐） 3. 作业过程符合相关标准规范(5 分) 　（优☐良☐中☐差☐）	
6	爱国爱民、敬业奉献、工匠精神	10 分	1. 用语言等关爱被困人员(2 分) 　（优☐良☐中☐差☐） 2. 小组成员愿意承担更多责任，认真完成各项任务(3 分) 　（优☐良☐中☐差☐） 3. 准备工作充分，接电操作精益求精(5 分) 　（优☐良☐中☐差☐）	

备注：小组自评、小组互评、教师评价都要依据以上评价表完成后将分数写在卡片对应位置处。权重推荐比例：小组自评占 30%，小组互评占 30%，教师评价占 40%，最后以三者总分作为最终评价分数。

评价人：　　　　　　　　　　　　　　　　　　　　　　　　日期：　　年　　月　　日

巩固拓展

一、单选题

1. 矿井接电流程中兆欧表自检的方法是（　　）。
   A. 先开路再闭路　　　　　　B. 先闭路再开路
   C. 只闭路　　　　　　　　　D. 只开路

2. 井下接电排水,最主要监测的气体是（　　）。
   A. 甲烷　　　B. 二氧化碳　　C. 硫化氢　　　D. 水蒸气

二、判断题

1. 井下临时救援基地一定要设在透水点以上位置。　　　　　　　　　（　　）
2. 矿井水灾救援过程中,应特别注意通风工作,救护队要设专人检查瓦斯和有害气体情况。　　　　　　　　　　　　　　　　　　　　　　　　　　　　　　（　　）

三、拓展题

1. 请列举出 2～3 个矿井透水事故。
2. 营救被水围困的人员时,有什么先进的技术可以使用?

收获及反馈

总体收获及反馈